HITE 7.0
培养体系

HITE 7.0全称厚溥信息技术工程师培养体系第7版，是武汉厚溥企业集团推出的“厚溥信息技术工程师培养体系”，其宗旨是培养适合企业需求的IT工程师，该体系被国家工业和信息化部人才交流中心鉴定为国家级计算机人才评定体系，凡通过HITE课程学习成绩合格的学生将获得国家工业和信息化部颁发的“全国计算机专业人才证书”，该体系教材由清华大学出版社全面出版。

HITE 7.0是厚溥最新的职业教育课程体系，该职业体系旨在培养移动互联网开发工程师、智能应用开发工程师、企业信息化应用工程师、网络营销技术工程师等。它的独特之处在于每年都要根据技术的发展进行课程的更新。在确定HITE课程体系之前，厚溥技术中心专业研究员在IT领域和一些非IT公司中进行了广泛的行业调查，以了解他们在目前和将来的工作中会用到的数据库系统、前端开发工具和软件包等应用程序，每个产品系列均以培养符合企业需求的软件工程师为目标而设计。在设计之前，研究员对IT行业的岗位序列做了充分的调研，包括研究从业人员技术方向、项目经验和职业素质等方面的需求，通过对所面向学生的自身特点、行业需求的现状以及项目实施等方面的详细分析，结合厚溥对软件人才培养模式的认知，按照软件专业总体定位要求，进行软件专业产品课程体系设计。该体系集应用软件知识和多领域的实践项目于一体，着重培养学生的熟练度、规范性、集成和项目能力，从而达到预定的培养目标。整个体系基于ECDIO工程教育课程体系开发技术，可以全面提升学生的价值和学习体验。

一、移动互联网开发工程师

在移动终端市场竞争下，为赢得更多用户的青睐，许多移动互联网企业将目光瞄准在应用程序创新上。如何开发出用户喜欢，并能带来巨大利润的应用软件，成为企业思考的问题，然而这一切都需要移动互联网开发工程师来实现。移动互联网开发工程师成为求职市场的宠儿，不仅薪资待遇高，福利好，更有着广阔的发展前景，倍受企业重视。

移动互联网企业对Android和Java开发工程师需求如下：

已选条件:	Java(职位名)	Android(职位名)
共计职位:	共51014条职位	共18469条职位

1. 职业规划发展路线

Android				
★	★★	★★★	★★★★	★★★★★
初级Android 开发工程师	Android 开发工程师	高级Android 开发工程师	Android 开发经理	移动开发 技术总监
Java				
★	★★	★★★	★★★★	★★★★★
初级Java 开发工程师	Java 开发工程师	高级Java 开发工程师	Java 开发经理	技术总监

2. 素质能力提升路径

1 大学生	2 大学生活	3 学习习惯	4 职业目标	5 沟通表达	6 自我管理
12 准职业人	11 职业路线	10 求职技能	9 就业意识	8 融入团队	7 形象礼仪

3. 专业技能提升路径

1 大学生	2 计算机基础	3 编程基础	4 软件工程	5 数据库	6 网站技术
12 准职业人	11 产品规划	10 项目技能	9 高级应用	8 APP开发	7 基础应用

4. 项目介绍

(1) 酒店点餐助手

(2) 音乐播放器

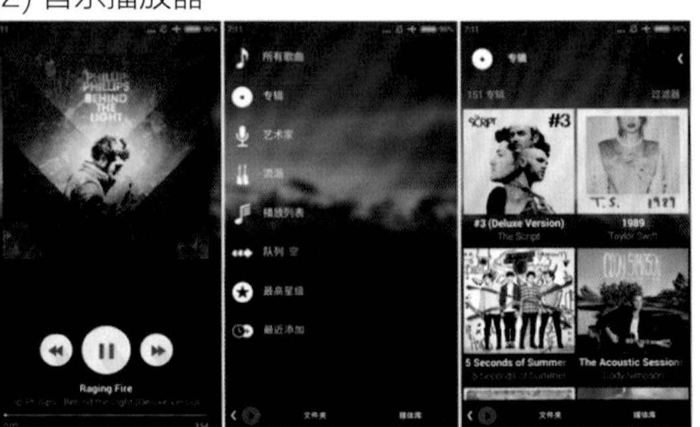

二、智能应用开发工程师

随着物联网技术的高速发展，我们生活的整个社会智能化程度将越来越高。在不久的将来，物联网技术必将引起我国社会信息的重大变革，与社会相关的各类应用将显著提升整个社会的信息化和智能化水平，进一步增强服务社会的能力，从而不断提升我国的综合竞争力。 智能应用开发工程师未来将成为热门岗位。

智能应用企业每天对.NET开发工程师需求约15957个岗位(数据来自51job)：

已选条件:	.NET(职位名)
共计职位:	共15957条职位

1. 职业规划发展路线

★	★★	★★★	★★★★	★★★★★
初级.NET开发工程师	.NET开发工程师	高级.NET开发工程师	.NET开发经理	技术总监
★	★★	★★★	★★★★	★★★★★
初级开发工程师	智能应用开发工程师	高级开发工程师	开发经理	技术总监

2. 素质能力提升路径

1 大学生	2 大学生活	3 学习习惯	4 职业目标	5 沟通表达	6 自我管理
12 准职业人	11 职业路线	10 求职技能	9 就业意识	8 融入团队	7 形象礼仪

3. 专业技能提升路径

1 大学生	2 计算机基础	3 编程基础	4 软件工程	5 数据库	6 网站技术
12 准职业人	11 产品规划	10 项目技能	9 高级应用	8 智能开发	7 基础应用

4. 项目介绍

(1) 酒店管理系统

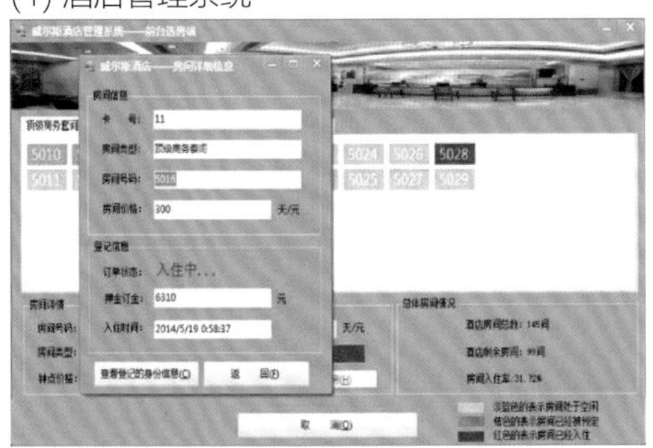

(2) 学生在线学习系统

三、企业信息化应用工程师

当前，世界各国信息化快速发展，信息技术的应用促进了全球资源的优化配置和发展模式创新，互联网对政治、经济、社会和文化的影响更加深刻，围绕信息获取、利用和控制的国际竞争日趋激烈。企业信息化是经济信息化的重要组成部分。

IT企业每天对企业信息化应用工程师需求约11248个岗位（数据来自51job）：

已选条件:	ERP实施(职位名)
共计职位:	共11248条职位

1. 职业规划发展路线

初级实施工程师	实施工程师	高级实施工程师	实施总监
信息化专员	信息化主管	信息化经理	信息化总监

2. 素质能力提升路径

1 大学生	2 大学生活	3 学习习惯	4 职业目标	5 沟通表达	6 自我管理
12 准职业人	11 职业路线	10 求职技能	9 就业意识	8 融入团队	7 形象礼仪

3. 专业技能提升路径

1 大学生	2 计算机基础	3 编程基础	4 软件工程	5 数据库	6 网站技术
12 准职业人	11 产品规划	10 项目技能	9 高级应用	8 实施技能	7 基础应用

4. 项目介绍

(1) 金蝶K3

(2) 用友U8

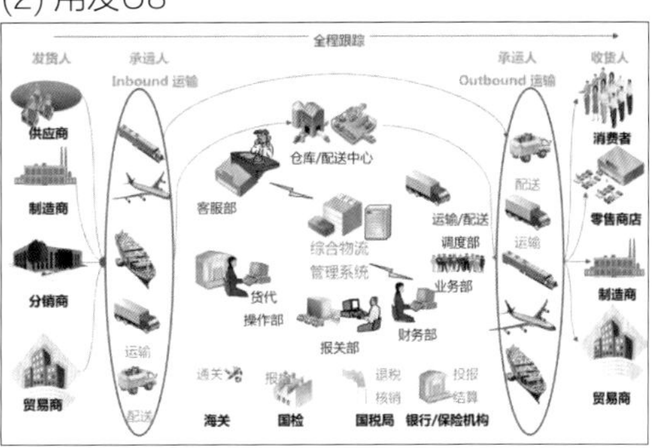

四、网络营销技术工程师

在信息网络时代，网络技术的发展和应用改变了信息的分配和接收方式，改变了人们生活、工作、学习、合作和交流的环境，企业也必须积极利用新技术变革企业经营理念、经营组织、经营方式和经营方法，搭上技术发展的快车，促进企业飞速发展。网络营销是适应网络技术发展与信息网络时代社会变革的新生事物，必将成为跨世纪的营销策略。

互联网企业每天对网络营销工程师需求约47956个岗位(数据来自51job)：

已选条件：	网络推广SEO(职位名)
共计职位：	共47956条职位

1. 职业规划发展路线

网络推广专员	网络推广主管	网络推广经理	网络推广总监
网络运营专员	网络运营主管	网络运营经理	网络运营总监

2. 素质能力提升路径

1 大学生	2 大学生活	3 学习习惯	4 职业目标	5 沟通表达	6 自我管理
12 准职业人	11 职业路线	10 求职技能	9 就业意识	8 融入团队	7 形象礼仪

3. 专业技能提升路径

1 大学生	2 计算机基础	3 编程基础	4 网站建设	5 数据库	6 网站技术
12 准职业人	11 产品规划	10 项目实战	9 电商运营	8 网络推广	7 网站SEO

4. 项目介绍

(1) 品牌手表营销网站

(2) 影院销售网站

HITE 7.0 软件开发与应用工程师

MySQL 数据库设计与应用

铜川职业技术学院
湖北师范大学文理学院　　编著
武汉厚溥数字科技有限公司

清华大学出版社
北　京

内 容 简 介

本书围绕项目任务来组织内容，结构清晰，实例丰富，通俗易懂，将理论与实践相结合，突出了计算机课程的实践性特点。本书共分为八个单元，内容包括学生选课系统数据库设计、为学生信息表创建索引和视图、使用过程和函数查询学生信息、使用数据库编程操作数据、使用事务和游标处理数据、使用触发器实现自动化、提高 MySQL 数据库性能、数字新闻系统项目实战。

本书可作为高等院校计算机专业的教材，也可供广大数据库设计人员参考。

图书在版编目(CIP)数据

MySQL 数据库设计与应用 / 铜川职业技术学院,
湖北师范大学文理学院, 武汉厚溥数字科技有限公司编著.
北京 : 清华大学出版社, 2025. 1. -- (HITE 7.0 软件开发与
应用工程师). -- ISBN 978-7-302-67585-3

Ⅰ. TP311.132.3

中国国家版本馆 CIP 数据核字第 2024MU9082 号

责任编辑： 刘金喜
封面设计： 王　晨
版式设计： 恒复文化
责任校对： 成凤进
责任印制： 宋　林

出版发行： 清华大学出版社
　　网　　址： https://www.tup.com.cn，https://www.wqxuetang.com
　　地　　址： 北京清华大学学研大厦 A 座　　**邮　　编：** 100084
　　社 总 机： 010-83470000　　**邮　　购：** 010-62786544
　　投稿与读者服务： 010-62776969, c-service@tup.tsinghua.edu.cn
　　质 量 反 馈： 010-62772015, zhiliang@tup.tsinghua.edu.cn
印 装 者： 大厂回族自治县彩虹印刷有限公司
经　　销： 全国新华书店
开　　本： 185mm×260mm　　**印　　张：** 10.5　　**彩　　插：** 2　　**字　　数：** 249 千字
版　　次： 2025 年 1 月第 1 版　　**印　　次：** 2025 年 1 月第 1 次印刷
定　　价： 49.80 元

产品编号：105737-01

编 委 会

主　编：

张　华　董学良　金　兰

副主编：

王　爽　赵馨瑜　边淑华　苏　莹

编　委：

董一润　章　波　周　斌　段帅超
何　草　刘智珺　张　勇　程　智

前 言

在当今信息化社会中，数据库已经成为各行各业不可或缺的基础设施。MySQL 作为开源数据库领域的佼佼者，以其稳定、高效、易用的特点，赢得了广大开发者和企业的青睐。然而，若要充分发挥 MySQL 数据库的优势，还需要充分理解和掌握其设计原理和应用方法。本书旨在为广大读者提供一本全面、系统、实用的 MySQL 数据库学习与应用指南，通过对本书内容的学习，读者可以逐步掌握 MySQL 数据库的核心技术和应用方法。

本书采用任务驱动式编写方法，适用于现代学徒制学徒用书。本书坚持正确的政治方向和价值导向，全面落实课程思政要求，弘扬劳动光荣、技能宝贵、创造伟大的时代风尚，遵循职业教育教学规律和人才成长规律，以项目任务为载体，注重理论与实践相结合，强调“以学生为中心”的教学理念，建立完善的教学评估体系，适应专业建设、课程建设、教学模式与方法改革创新等方面的需要，满足项目学习、案例学习、模块化学习等不同学习方式的要求，可以有效激发学生的学习兴趣和创新潜能，从而提高学生的实践能力和职业素养。同时，本书由校、政、行、企中的专家共同编写完成，在编写之前，对 IT 行业的岗位序列做了充分的调研，认真研究了从业人员技术方向、项目经验和职业素质等方面的需求，仔细分析了所面向学生的特点及行业需求的现状等，结合学校对软件人才培养模式的认知，按照软件专业总体定位要求进行课程体系设计，以达到预定的培养目标。

本书按照“任务描述—知识学习—任务实施—思政讲堂—单元小结—单元自测”这思路进行编排。“任务描述”部分会给读者下发任务，使读者明确本单元的学习任务和目标；“知识学习”部分讲解了与任务描述相关的知识点；“任务实施”部分通过具体实例介绍完成任务的操作步骤；“思政讲堂”部分将知识教育与思想政治教育相结合，引导学生树立正确的世界观、人生观和价值观，进一步提升学生的职业素养；“单元小结”部分概括了本单元的主要知识点，使知识点完整、系统地呈现；“单元自测”部分包含与该单元内容紧密相关的选择题、问答题和上机题，这些题目旨在覆盖该单元的重点知识、核心概念及实际应用技能，学生的答题情况可以反映其对知识的掌握程度。本书在内容编写方面，力求细致全面；在文字叙述方面，言简意赅、突出重点；在案例选取方面，强调案例的针对性和实用性。

本书由铜川职业技术学院、湖北师范大学文理学院和武汉厚溥数字科技有限公司联合编著，由章波、赵刚刚、董一润、王默涵、段帅超、何草等多名企业实战项目经理编写。本书编者长期从事项目开发和教学，对当前高校的教学情况非常熟悉，在编写过程中充分考虑不同学生的特点和需求，加强了项目实战方面的介绍。本书编写过程中，得到了铜川职业技术学院、湖北师范大学文理学院和武汉厚溥数字科技有限公司各级领导的大力支持，在此表示衷心的感谢。

参与本书编写的人员还有：铜川职业学院的张华、王爽、赵馨瑜，武昌首义学院的金兰、苏莹、周斌、刘智珺，湖北师范大学文理学院的董学良，江西青年职业学院的边淑华，黄冈职业技术学院的张勇、程智。

本书提供各章教学 PPT 课件、案例、教案和课后作业，这些资源可通过扫描下方二维码下载。

教学资源

由于编者水平有限，书中难免存在欠妥与疏漏之处，敬请广大读者批评指正。

服务邮箱：476371891@qq.com。

编　者

2024 年 4 月

目 录

学生选课系统数据库设计

课程目标

技能目标

❖ 了解数据库设计的必要性

❖ 掌握 E-R 数据模型

❖ 掌握绘制 E-R 图的方法

❖ 掌握数据库设计规范

素质目标

❖ 增强社会责任感

❖ 热爱祖国和人民

❖ 肩负服务社会的责任

简介

通过对 MySQL 基础的学习，我们已经学会使用 MySQL 创建数据库、数据表，以及对表中的数据进行常用的操作。本书对数据库设计的各个方面进行了深入的讲解，包括数据模型、数据库规范化、数据库编程、索引、视图、游标、事务、存储过程、触发器和数据库优化等内容。此外，本书还通过案例分析、实例演示和项目驱动等方式，帮助读者理解数据库设计的实际应用场景，并指导如何在具体项目中进行数据库设计和开发。

作为 MySQL 数据库的设计者和使用者，我们需要增强自己的社会责任感，肩负起促进科技进步、服务社会的责任。

任务一 了解数据库设计的必要性

任务描述

数据库是企业信息化的基础，数据库设计是信息化建设的重点。好的数据库设计可以提高企业信息系统的可用性和可扩展性，因此，数据库设计是企业信息化建设必不可少的一环。

信息系统的设计离不开数据存储和处理，而数据库设计是信息系统的核心。良好的数据库设计具有较高的可维护性和可扩展性，可以保证信息系统的正常运行；可以确保数据存储的一致性，避免数据冗余，为企业信息化建设提供稳定的数据存储和管理保障；可以确保数据的可访问性和可控性，从而保证数据的合法性和完整性。本节任务是了解数据库设计的必要性。

知识学习

1. 数据库设计概述

通过对 MySQL 基础的学习，我们已经可以根据业务需要来设计表，并进行表的基本操作，那么为什么现在还需要进行数据库设计呢？其实原因很简单，数据库设计和生活中的分类整理类似。在日常生活中，我们经常需要对生活物品、衣服、书籍等进行分类整理，以方便日后的查找和使用。同样地，在数据库设计中，也需要对数据进行分类整理，将相似的数据放在一张表中，通过关系建立等手段，将各表进行关联，形成一个完整的数据库结构。在整理生活物品时，我们需要考虑分类标准、归档方式、存储位置等问题。同样地，在数据库设计中也需要考虑数据类型、数据表设计、数据规范化等问题，并采用合适的数据库管理系统和开发工具来实现数据的存储、查询、维护与管理。

2. 什么是数据库设计

数据库设计是指根据用户需求和业务需求，对数据库进行结构、逻辑和物理设计的过程。在这个过程中，需要确定数据表、数据表之间的关系、数据类型、索引、约束条件、存储过程、触发器等各种元素，并使用数据库管理系统和开发工具实现这些元素的操作与管理。进行数据库设计是为了提供一个高效、可靠、易于维护的数据管理和使用环境。通过数据库设计，可以避免数据冗余、不一致及错误，提高数据访问速度与查询效率，保证数据的安全性和可靠性，增强业务的灵活性和可扩展性。数据库设计是整个数据库应用过程中最为关键、复杂的一个环节。

3. 数据库设计的必要性

进行数据库设计是非常有必要的，因为它可以带来以下几方面的好处。

(1) 数据库设计可以提高数据的一致性和准确性。通过数据表设计、字段类型划分、约束条件设置等手段，避免了数据冗余、重复和不一致，提供了可靠、有效及准确的数据管理方式。

(2) 数据库设计可以提高数据的安全性和可靠性。通过数据库结构设计、访问权限设置、备份恢复等手段，降低了数据丢失或泄露的风险，同时提高了数据的可靠性和稳定性。

(3) 数据库设计可以提高数据的查询效率和应用性能。通过索引设计、查询优化等手段，加快了数据访问速度，提高了应用系统的性能和响应速度。

(4) 数据库设计可以增强数据的可扩展性和灵活性。通过对数据表进行设计、拆分、合并等操作，增强了数据的可塑性和可扩展性，使数据库更加灵活地适应业务需求变化。

综上所述，数据库设计是提高数据管理和应用效率、保证数据安全性和可靠性、增强数据灵活性和可扩展性的必要过程。

反之，失败的数据库设计会导致以下后果。

(1) 检索速度慢。

(2) 存在安全隐患。

(3) 应用程序不稳定。

因此，在数据库设计过程中必须考虑各种因素和需求，合理设计数据库结构，明确规范化原则，以确保数据库的稳定和高效运行。

任务二 初识 E-R 数据模型

任务描述

E-R(entity-relationship，实体关系)数据模型，是美籍华裔计算机科学家陈品山在 1976 年提出的一种数据库设计模型。E-R 数据模型提供了一种直观、可视化的方式来描述和设计数据库结构，它是数据库设计的重要工具之一，主要用来进行数据库建模。E-R 图可以清晰地展示实体、属性和关系之间的关系，有助于开发人员和数据库管理员理解数据库设计的意图，从而创建高质量和易于维护的数据库系统。本节任务是初步了解 E-R 数据模型。

知识学习

1. 数据模型介绍

数据库的数据模型主要用于描述及组织数据，并对数据进行操作和管理，有助于我们更好地理解和利用数据，提高数据的可靠性与安全性。常见的数据库数据模型有以下几种。

(1) 层次模型：层次模型是一种基于树形结构实现数据组织的模型。它通过节点与节点之间的父子关系来描述数据之间的联系。例如，一个学校的组织结构就可以用层次模型来表示。

(2) 网状模型：网状模型是一种比较复杂的数据模型，它通过各种指针连接来实现记录之间的关联。这种模型在处理大规模的数据时具有较好的灵活性和性能。

(3) 关系模型：关系模型是被广泛应用的一种数据模型。它是在集合论的基础上建立的，通过表格、行和列的方式来表示数据与数据之间的关系。每张表都对应一个实体，表中的每一行代表一条记录，每个字段存储着该记录中某个属性的值。在关系模型中，使用 SQL 进行数据查询和操作，非常方便。

(4) 面向对象模型：面向对象模型是一种基于对象(object)和类(class)的设计思想，它将数据和行为封装为一个整体。这种模型在处理复杂的现实问题时比较方便。例如，在社交网络中，用户和他们的朋友、留言等元素可以用面向对象模型来表示。

总之，不同的数据模型适用于不同的场景和需求。在选择数据模型时，需要考虑数据的结构、规模、性能等因素，以及后期数据维护和管理的需求。

2. E-R 数据模型

E-R 数据模型是用于描述现实世界的概念模型。它通过实体的定义和实体之间的关系来描述各种实际情况和场景，是构建关系数据库(relational database)的基础。E-R 数据模型中主要有以下三个基本元素。

(1) 实体(entity)：实体是指现实世界中独立存在、可以被识别的对象。例如，人员、部门、产品等。

(2) 属性(attribute)：属性是指实体所具有的特征。例如，人员实体包括姓名、出生日期、身份证号等属性。

(3) 关系(relationship)：关系是指实体与实体之间的联系。例如，人员与部门之间有就职关系、产品与订单之间有销售关系等。

在 E-R 图中，实体用矩形表示，属性用椭圆形表示，关系用菱形表示。实体和属性之间用直线连接，表示一个实体含有多个属性；不同实体之间也用直线连接，表示两个实体之间存在某种联系或依赖关系。通常，还需要具体说明关系的类型、数量、方向等信息。

任务实施

下面用 E-R 图描述学生与专业的关系，如图 1-1 所示。

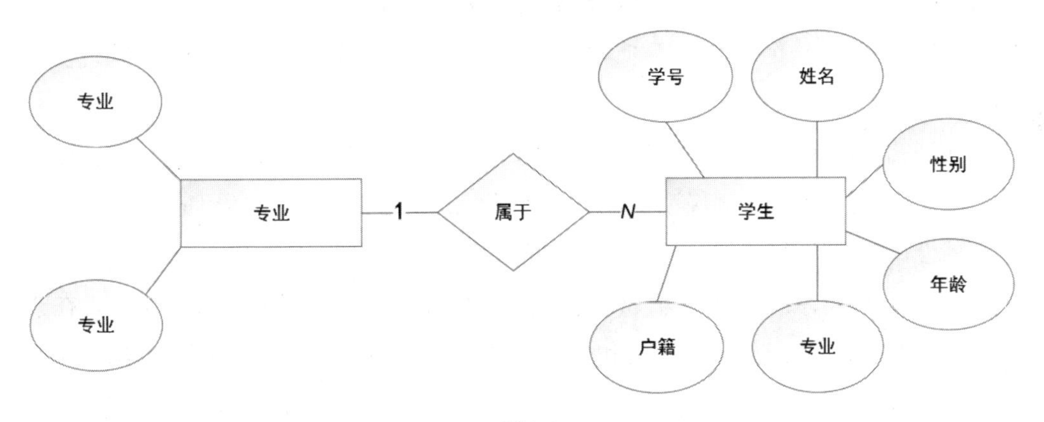

图 1-1

从图 1-1 中可以看出，E-R 图接近于人的思维，即使不具备计算机专业知识，也可以理解其表示的含义。大部分数据库设计产品使用 E-R 图帮助用户进行数据库设计。E-R 数据模型的优势在于：能够清晰地描述实体之间的关系，可以帮助开发人员更好地理解现实世界中的实体和关系。同时，E-R 数据模型还可以用来生成关系数据库的物理结构，使数据的存储和管理变得更加简单和高效。总之，E-R 数据模型是一种描述现实世界概念的图形化工具，在关系数据库的开发过程中起到了至关重要的作用。

任务三 绘制学生选课系统 E-R 图

任务描述

在了解了 E-R 数据模型后，接下来便可绘制 E-R 图。绘制 E-R 图是在概念结构设计阶段进行的。概念结构设计是数据库设计中的一个阶段，旨在分析用户的需求，包括数据、功能和性能需求，然后通过分析和设计将这些需求转化为一个概念模型，即 E-R 图。

本节任务是绘制学生选课系统 E-R 图，即设计一个能够反映学生、课程、教师和班级之间关系的数据库模型，并使用图形化的方式将这种关系表示出来。

知识学习

数据库设计通常按照一定的规范分为以下六个基本步骤。

(1) 需求分析：需求分析是数据库设计的第一步，主要任务是对现实世界中的数据进行分析及定义，明确构建数据库所需要的逻辑和物理要求。在该步骤中，设计人员需要与业务部门和用户进行充分的沟通和交流，了解业务需求和各类数据对象之间的关系。

(2) 概念结构设计：概念结构设计是指在需求分析的基础上，将实体、属性、关系等元素抽象出来，形成一个概念模型。该模型可以使用 E-R 图等形式表现，以反映现实世界中数据之间的联系和约束条件。

(3) 逻辑结构设计：逻辑结构设计是在概念结构设计的基础上，将概念模型转化为具体的逻辑模型，通常使用关系模型来表示。设计人员需要确定每个实体对应的关系表(关系模式)、属性，以及其类型和长度等信息，并根据需要创建适当的键(如主键、外键等)。

(4) 物理结构设计：物理结构设计是将逻辑模型转换为真实的物理存储结构。在该步骤中，需要考虑数据存储设备的选择和分配方案等，并确定数据库的物理组织结构和存取方法等。例如，需要选择适当的数据库管理系统(database management system，DBMS)，明确表空间、数据文件的组织方式。

(5) 数据库实施：在数据库设计完成后，需要将其应用于相应的操作系统和数据库软件中。在此步骤中需要进行必要的测试和验证，确保数据库能够按照设计要求正常运行。

(6) 数据库的运行和维护：在运行和维护阶段，需要对数据库进行备份、恢复、优化等操作，以保证其可用性和可靠性。

下面以学生选课系统为例，讲解前三个步骤的具体操作方法，在概念结构设计阶段完成 E-R 图的绘制。

任务实施

1. 需求分析

需求分析是数据库设计过程中的重要环节，它会直接影响后续数据库的设计和开发过程。在需求分析过程中，需要充分考虑系统的可用性、安全性、易用性等方面，让数据库得以适应各种复杂的运营环境和应用场景。

在需求分析阶段，需要明确学生选课系统需要存储哪些数据，如学生的个人信息、课程信息、教师信息等。此外，还需要了解学生选课系统的使用场景及用户需求，进一步确定数据库的功能和使用要求。

在进行需求分析时，可参考以下几点来完成。

1) 确定业务需求

在进行数据库分析和设计之前，必须充分了解在系统中数据库需要完成的任务和功能。以学生选课系统为例，我们需要了解此系统的基本功能，以及功能与数据的关系。

(1) 管理员登录系统后，可以对学生、教师、课程进行管理。

(2) 学生登录系统后，可以查看所有课程的选课情况；可以对选课人数没有满员的课程进行选课操作；可以查看自己所选的课程；可以修改个人信息。

(3) 教师登录系统后，可以查看本人已发布的课程；可以添加可选的课程；可以修改或删除已发布的课程；可以查看选择自己发布课程的学生名单；可以修改个人信息。

(4) 学生可查询自己所选课程的成绩，并下载打印。

在确定系统具有上述功能需求后，即可开始进行下一步的设计工作。

2) 标识关键实体

明确了功能需求后，必须找出数据库要管理的关键实体，也就是前面讲到的 E-R 数据模型中的实体。在学生选课系统中，需要标识出以下关键实体。

(1) 管理员。

(2) 教师。

(3) 学生。

(4) 课程。

(5) 专业。

(6) 院系。

数据库中的每个实体都会拥有一个与其对应的表，在本例设计的数据库中至少有 6 张表，分别是管理员信息表、教师信息表、学生信息表、课程信息表、专业信息表、院系信息表。

3) 确定实体属性

标识了关键实体之后，就要确定每个实体所具有的属性，也就是实体需要存储的详细信息，这些属性将会成为表中的列。在学生选课系统中，分解每个实体所包含的信息，具体内容如下。

(1) 管理员(工号、姓名、性别、密码)。

(2) 教师(工号、姓名、性别、密码、职称、授课名)。

(3) 学生(学号、姓名、性别、年龄、专业、密码)。

(4) 课程(课程号、课程名、学分、所属系、授课教师)。

(5) 专业(专业号、专业名)。

(6) 院系(院系号、院系名)。

在确定实体属性后，即可开始进行下一步的设计工作。

4) 确定实体之间的关系

在设计过程中，要确定实体之间的关系，分析这些实体在逻辑上是如何关联的，同时添加关键列，建立起实体之间的联系。在学生选课系统中，可以确定以下关系。

(1) 一个院系有多个专业。

(2) 一个专业有多名学生。

(3) 管理员管理所有学生、教师、课程。

(4) 一名学生可以选多门课程。

(5) 一门课程可以由多名教师讲授。

2. 概念结构设计

在需求分析阶段确定了客户的业务和数据处理需求后，接下来便进入概念结构设计阶段。该阶段的主要工作是将实体、属性、关系等元素抽象出来，形成一个概念模型，该模型可以使用E-R图表现。在绘制E-R图之前，需要弄清楚实体之间的关系，即映射基数。

映射基数指的是实体之间的关系，即一个实体在关系中可以关联多少个其他实体。常见的映射基数有三种，分别是一对一、一对多和多对多。

(1) 一对一(1∶1)映射基数：表示一个实体实例只能与另一个实体实例相互关联。例如，一个人只能有一个身份证号码，一个身份证号码也只能对应一个人，如图1-2所示。

图1-2

(2) 一对多(1∶N)映射基数：表示一个实体实例可以关联多个其他实体实例。例如，一个班级可以有多名学生，但是一名学生只能属于一个班级，如图 1-3 所示。

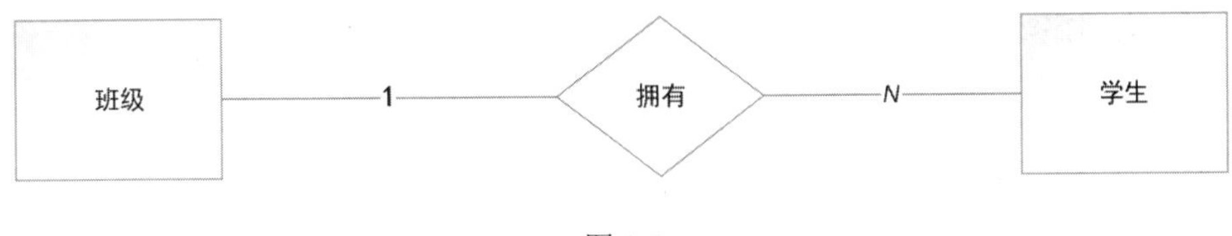

图 1-3

(3) 多对多(N∶M)映射基数：表示一个实体实例可以关联多个其他实体实例，反过来也是如此。例如，一名学生可以选择多门课程，一门课程也可以被多名学生选择，如图 1-4 所示。

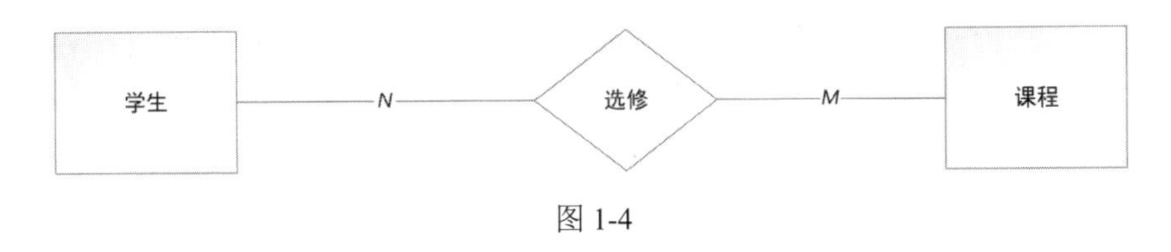

图 1-4

E-R 图可以以图形化的方式将数据库的整个逻辑结构表示出来。根据需求分析的结果，结合 E-R 图的各种符号，便可绘制学生选课系统的 E-R 图，如图 1-5 所示。

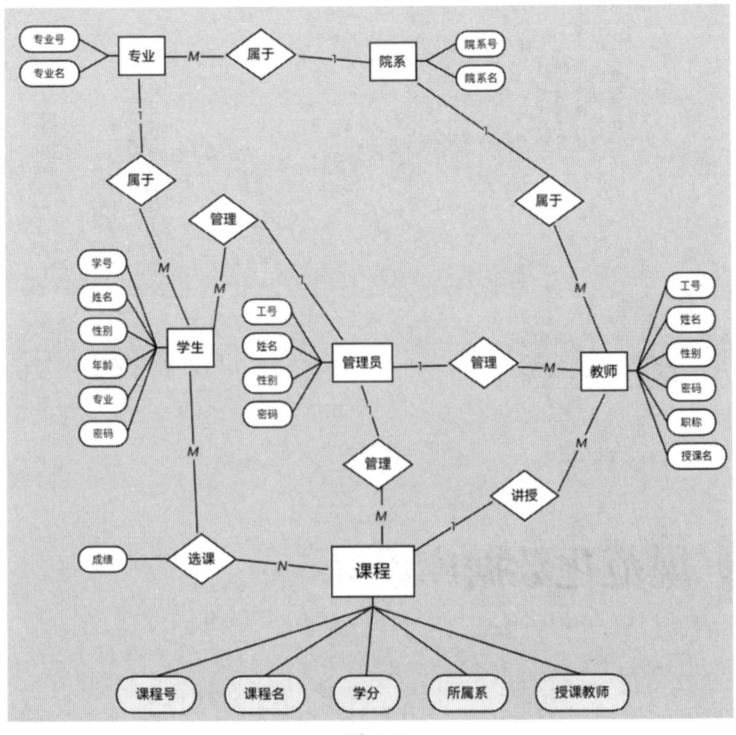

图 1-5

绘制完 E-R 图之后，还需要进一步与项目组成员及客户进行沟通，获取修改意见，以确保系统中的数据能够正确、完整地体现需求。

3. 逻辑结构设计

接下来，在逻辑结构设计阶段，需要将 E-R 图转换为多张表，并确定每张表的主、外键，步骤如下。

(1) 将各实体转换为对应的表，将各属性转换为各表中对应的列。

(2) 标识每张表的主键。

(3) 将实体之间的关系转换为表与表之间的引用关系。

将学生选课系统的 E-R 图转换为数据库中的表，如图 1-6 所示。

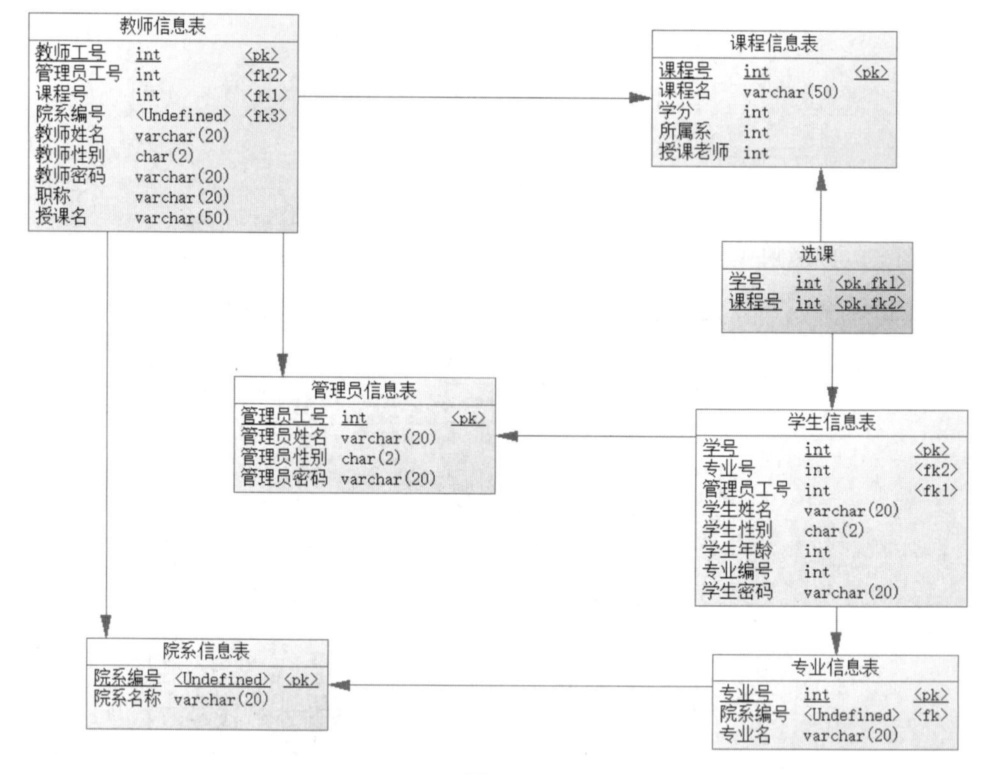

图 1-6

任务四 规范化数据库设计

任务描述

规范化是数据库设计的基本原则，通过消除数据的冗余和重复，优化数据的存储结构和查询方式，提高数据的一致性、完整性和可维护性。规范化能够有效地提高数据库系统的性能、可靠性和可扩展性，帮助人们更加高效地组织、存储和使用数据。

为了建立冗余较小、结构合理的数据库，设计数据库时必须遵循一定的规则，在关系数据库中这种规则就被称为范式。范式是符合某一种设计要求的集合。本节任务是使用三范式规范数据库设计。

知识学习

1. 设计中的问题

在数据库设计中，不好的设计通常存在各种问题。接下来，通过一个案例进行说明。某学员设计了一个员工管理系统，使用表 1-1 来存储员工信息。

表 1-1

部门名称	部门地址	工号	姓名	性别	职位	地址	月薪
管理部	A 座 101	K001	刘备	男	总经理	陕西省西安市高新区北京路 11 号	50000
管理部	A 座 101	K002	关羽	男	副总经理	湖北省武汉市武昌区香港路 22 号	45000
管理部	A 座 101	K003	张飞	男	副总经理	湖北省荆州市东城区上海路 33 号	45000
技术部	B 座 103	K004	吕布	男	技术总监	北京市海淀区文林路 123 号	48000
技术部	B 座 103	K005	貂蝉	女	技术主管	上海市浦东区澳门路 222 号	25000

这样的设计在一定程度上达到了存储员工信息的需求，但同时存在以下问题。

1) 数据冗余

列中有冗余的信息。当管理部中有多名员工时，“部门名称”和“部门地址”多次重复出现，会造成存储空间浪费。

2) 更新异常

冗余信息不仅浪费存储空间，还会增加更新难度。在更新部门时，应更改该部门下的所有员工信息。若不小心漏改了某些员工信息，则会造成更新异常。

3) 插入异常

当成立新部门时，由于该部门还没有员工，无法确定员工的信息，因此无法完成插入操作，会引起插入异常。

4) 删除异常

当一个部门的员工都离职了，还没有新员工入职时，若删除该部门下所有的员工信息，则该部门也会被删除，进而引起删除异常。

要解决上面存在的问题，就要求在进行数据库设计时遵循一定的规范。

2. 规范设计

在进行数据库设计时，通常遵循三个范式(normal form，NF)，也称为三范式(3NF)。这些范式提供了数据库设计的指导原则，用于消除数据冗余、提高数据一致性和减少数据更新异常。下面是对三个范式的简要描述。

1) 第一范式

第一范式要求数据库中的每个属性都是原子的，即不可再分。它要求将数据分解为最小的数据单元，确保每个属性的原子性。例如，如果一个表中有一个包含多个值的属性，就不符合第一范式。为了满足第一范式，应将该属性拆分为独立的属性。

2) 第二范式

第二范式在满足第一范式的基础上，要求非主键属性要完全依赖于主键。它要求在一个表中不存在非主键属性只依赖部分主键的情况。如果一个表中的非主键属性只依赖于表中的一部分主键，而不是依赖全部主键，就需要将这些属性分离到另一个表中，并与相关的主键建立关系。

3) 第三范式

第三范式在满足第二范式的基础上，要求消除非主键之间的传递依赖。它要求在一个表中不存在非主键属性对其他非主键属性的依赖关系。如果一个表中的非主键属性依赖于其他非主键属性，就需要将这些属性分离到另一个表中，并与相关的属性建立关系。

需要注意的是，达到更高范式并不一定总是理想的，因为过度规范化可能导致查询变得复杂，影响性能。在实际设计中，需要根据具体的应用需求和性能考虑，权衡范式和性能之间的关系，做出适当的设计决策。

任务实施

1. 使用第一范式

在员工管理系统案例中，地址还可以细分，不满足第一范式。根据实际需求将地址细分为省、市、区等，如表 1-2 所示。

表 1-2

省	市	区	地址
陕西省	西安市	高新区	北京路 11 号
湖北省	武汉市	武昌区	香港路 22 号
湖北省	荆州市	东城区	上海路 33 号
北京市	市辖区	海淀区	文林路 123 号
上海市	市辖区	浦东区	澳门路 222 号

当然，并不是所有的属性在设计时都一定要满足原子性，在设计数据库时要以业务需求为准。

2. 使用第二范式

在员工管理系统案例中，部门地址只是部分依赖主键(部门编号)，没有完全依赖主键，不满足第二范式。因此，可以把部门名称和部门地址拆分为一个新的表，添加一个部门编号，如表 1-3 所示。添加部门编号是为了防止部门名称改变，降低关联。

表 1-3

部门编号	部门名称	部门地址
1	管理部	A 座 101
2	技术部	B 座 103

3. 使用第三范式

在员工管理系统案例中，工号决定了职位，职位决定了月薪，存在传递关系，不满足第三范式。因此，应该通过新建表的方式将职位和月薪信息移至“职位信息表”，如表 1-4 所示。

表 1-4

职位编号	职位	月薪
1	总经理	50000
2	副总经理	45000
3	技术总监	48000
4	技术主管	25000

通过三范式对表进行拆分后，员工信息表如表 1-5 所示。

表 1-5

部门编号	工号	姓名	性别	省	市	区	地址	职位编号
1	K001	刘备	男	陕西省	西安市	高新区	北京路 11 号	1
1	K002	关羽	男	湖北省	武汉市	武昌区	香港路 22 号	2
1	K003	张飞	男	湖北省	荆州市	东城区	上海路 33 号	2
2	K004	吕布	男	北京市	市辖区	海淀区	文林路 123 号	3
2	K005	貂蝉	女	上海市	市辖区	浦东区	澳门路 222 号	4

规范的数据库设计可以确保数据的可靠性，提高业务系统的性能和可维护性。遵循三范式可减少数据冗余，提高数据一致性，减少数据更新异常，更容易维护高质量的数据库。

思政讲堂

增强社会责任感

责任感是衡量社会道德水准的标志之一。有责任感的人多了，社会就会进步；反之，社会就会倒退。在今天，捍卫文明，重新树立道德的支柱，是时代赋予我们的历史责任。

明末思想家顾炎武说过，天下兴亡，匹夫有责。无论是居庙堂之高，还是处江湖之远，都应该为国家做贡献，都对国家的兴亡负有责任。春秋时期，鲁国平民曹刿，在齐军袭扰鲁国的时候，主动献策，为国分忧，这种意识是一笔宝贵的精神财富。

用专业知识教育人是不够的。通过专业教育，学生可以成为一种有用的机器，但是不能成为一个和谐发展的人。很多教育家也认为，现代大学应高度重视高级专门人才的社会责任感的培养。因此，就学校而言，素质教育的多维化要求学生不仅要德智体美劳全面发展，而且在社交活动中，必须具有集体主义责任感、荣誉感。

重视责任感的教育和培养，需要同爱国主义和集体主义教育结合起来。上海市杨浦高级中学在对学生进行责任感教育时，曾对一些事业成功者进行了一次调查，发现他们取得成功的重要因素源自他们对国家、社会的热爱，以及对国家、社会的责任感。

社会是一个整体，人的成长也是由自然人变为社会人的一个过程。我们生活在社会中，任何人脱离了社会都不可能生存和发展，更不可能成就任何事业。我们在社会中必定有不同的角色，也必定有不同的责任。我们对社会负责，社会也将对我们负责。

每个公民都应根据担当的角色，真正感知自己所负有的责任，从而不负众望，奋发有为，在责任感的召唤下，对家庭、社会和国家做出应有的贡献。

单元小结

- 数据库设计的必要性。
- E-R 数据模型。
- 数据库设计的步骤。
- 使用三范式进行数据库设计。

单元自测

一、选择题

1. 关系数据库模型中的主要元素是实体、属性和(　　)。

A. 实体集　　B. 关系

C. 属性集　　D. 关系集

2. 在 E-R 图中，下列说法错误的是(　　)。

A. 用矩形表示实体　　B. 用椭圆表示属性

C. 用菱形表示关系　　D. 用连接线表示关系

3. 在逻辑结构设计阶段，数据库设计需要完成的工作是(　　)。

A. 绘制 E-R 图　　B. 将 E-R 图转换为表

C. 确定对象之间的关系　　D. 标识实体对象

4. 一名学生可以选修多门课程，同时一门课程可被多名学生选修，学生和课程之间的关系是(　　)。

A. 一对多　　B. 多对一

C. 一对一　　D. 多对多

5. 关于数据库三大范式，下面说法错误的是(　　)。

A. 数据库设计满足的范式级别越高，数据库性能越好

B. 数据库的设计范式有助于减少数据冗余

C. 数据库的设计范式有助于规范数据库的设计

D. 一个好的数据库设计可以不满足某条范式

二、问答题

1. 描述 E-R 数据模型中的三个元素。

2. 描述数据库设计的步骤。

3. 描述数据库设计的三大范式。

三、上机题

1. 使用 PowerDesigner 绘制概念模型图。

PowerDesigner 是 Sybase 公司的一款数据建模工具，能够支持各种数据库，它几乎包括了数据库模型设计的全过程。接下来，参照以下步骤使用 PowerDesigner 16.5 绘制概念模型图。

(1) 启动 PowerDesigner。

在 Windows 的开始菜单中启动 PowerDesigner，进入欢迎界面，单击 Close 按钮，如图 1-7 所示。

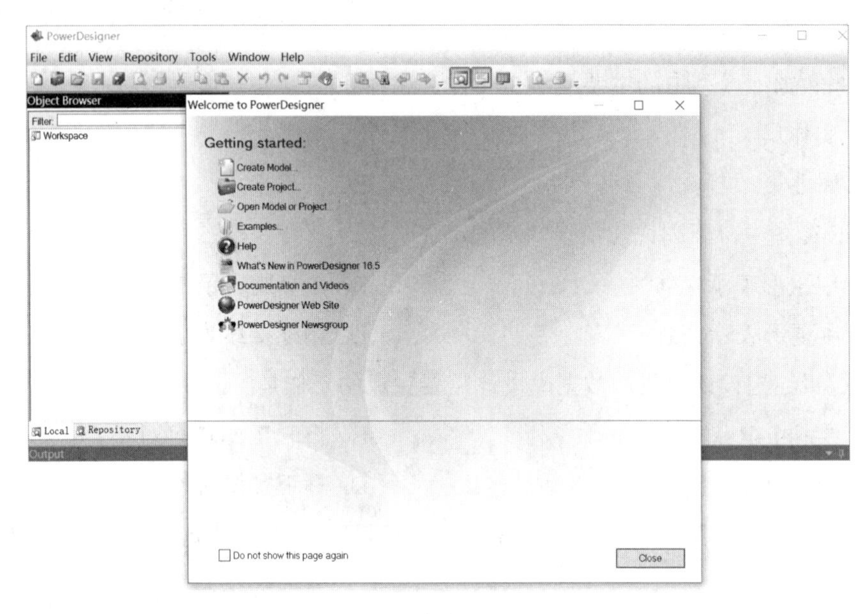

图 1-7

(2) 新建概念模型图。

在打开的 PowerDesigner 窗口中执行 File→New Model 命令，即可弹出如图 1-8 所示的对话框。在左侧区域选择 Model types→Conceptual Data Model 选项，然后单击 OK 按钮，创建一个新的概念模型图。

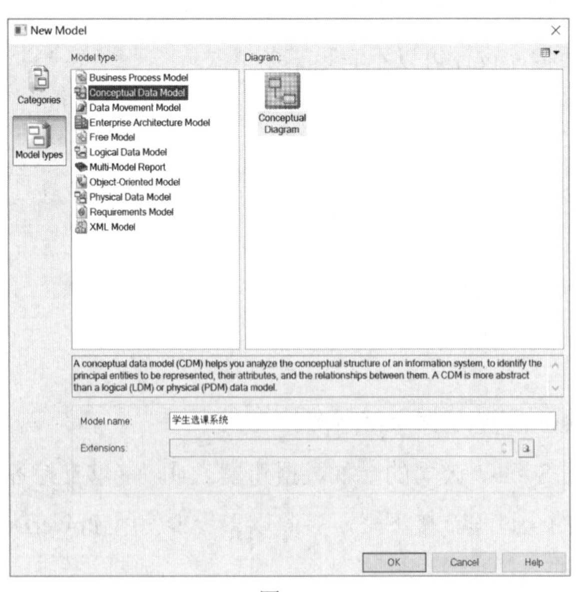

图 1-8

模型图创建界面如图 1-9 所示。左侧的浏览窗口用于浏览各种模型对象，右侧为绘图窗口，下方为信息输出窗口。用户可以从绘图工具箱(Toolbox)中选择各种模型符号绘制概念模型图。

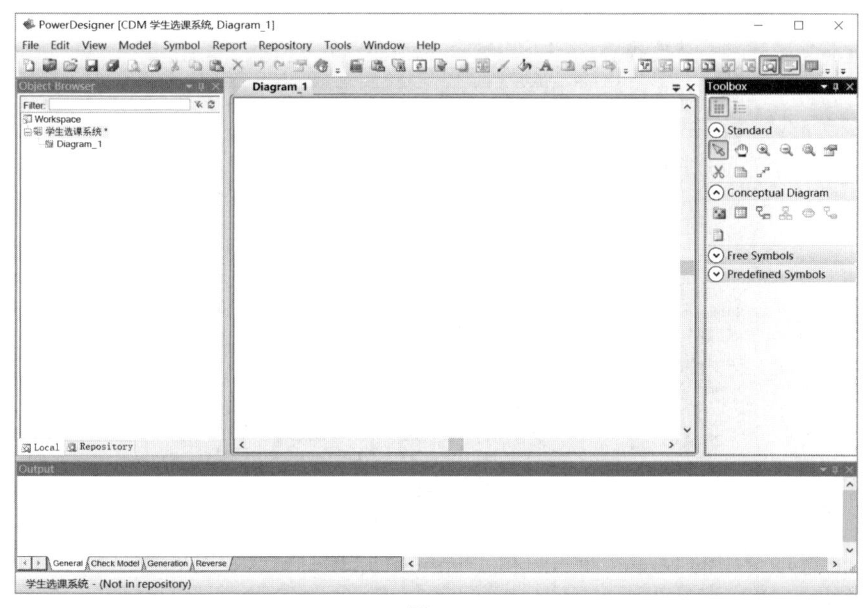

图 1-9

(3) 添加实体。

在绘图工具箱中选择 Entity 图标，单击绘图窗口，光标变为 Entity 图标形状，便可创建一个实体，如图 1-10 所示。

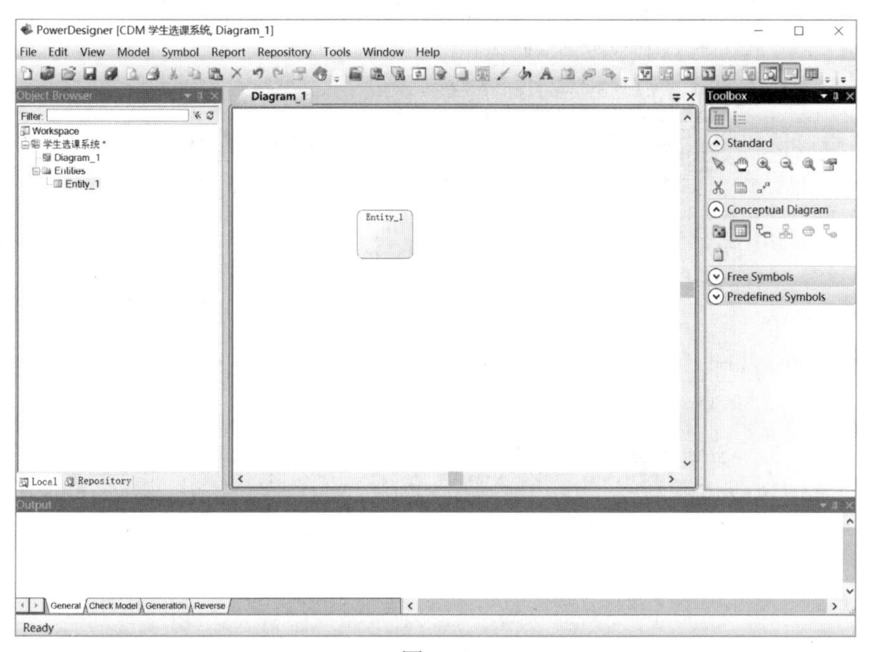

图 1-10

在绘图窗口的空白区域右击，光标恢复正常状态，双击该实体，打开 Entity Properties(实体属性)对话框，如图 1-11 所示。

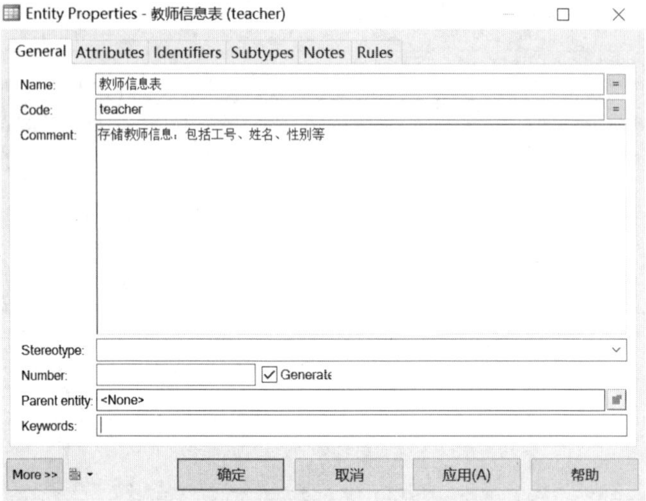

图 1-11

General 选项卡中的 Name、Code 和 Commnet 选项具体含义如下。

- Name：实体名字，一般为中文。
- Code：实体代号，一般为英文。
- Comment：注释，该实体的详细说明。

(4) 添加属性。

在 PowerDesigner 中添加属性需要切换到 Attributes 选项卡，如图 1-12 所示。

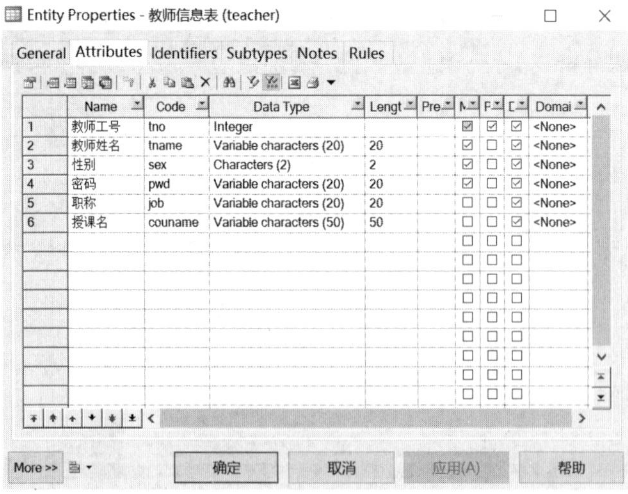

图 1-12

Attributes 选项卡中主要选项的具体含义如下。

- Name：属性名，一般使用中文表示。
- Code：属性代号，一般使用英文表示。
- Data Type：数据类型，包含数据库常用类型。
- Length：长度，表示此属性的最大长度。
- M 即 Mandatory：强制属性，表示该属性是否为必填项。
- P 即 Primary Identifer：表示是否为主键。
- D 即 Displayed：表示在实体符号中是否显示。

在确定实体后添加相应的属性，如图 1-13 所示。

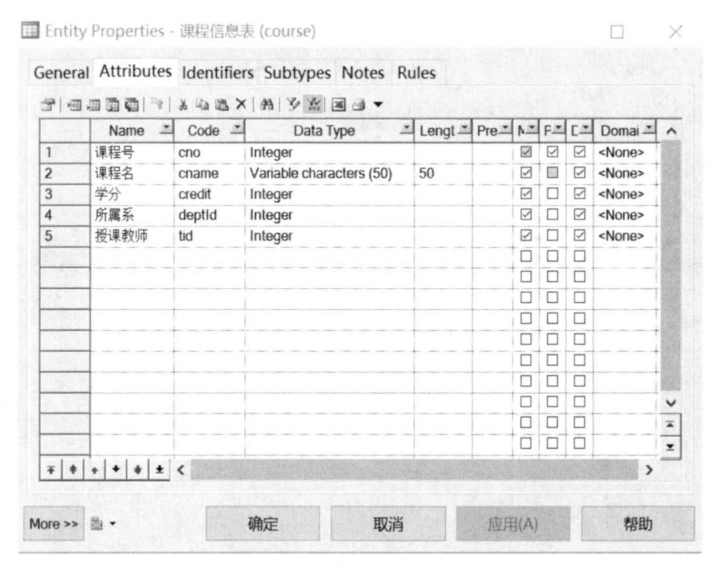

图 1-13

(5) 添加实体间的关系。

在绘制工具箱中单击 Relationship(关系)图标，然后单击第一个实体(教师信息表)，按住鼠标左键并将其拖曳到第二个实体(课程信息表)上后，释放左键，一个默认的关系就建立了，如图 1-14 所示。

图 1-14

双击刚刚建立的关系，打开 Relationship Properties 对话框，在 General 选项卡中修改关系的 Name 为“授课”，Code 为“teach”。切换到 Cardinalities(基数)选项卡，设定实体间的映射基数，如图 1-15 所示。

经过分析可以知道教师实体和课程实体之间的关系是多对一，即一门课程可以由多名教师授课，因此在对话框中选择“Many-one”。

(6) 保存概念模型图。

保存概念模型图，文件后缀默认为.cdm，输入文件名“学生选课系统概念模型图”。

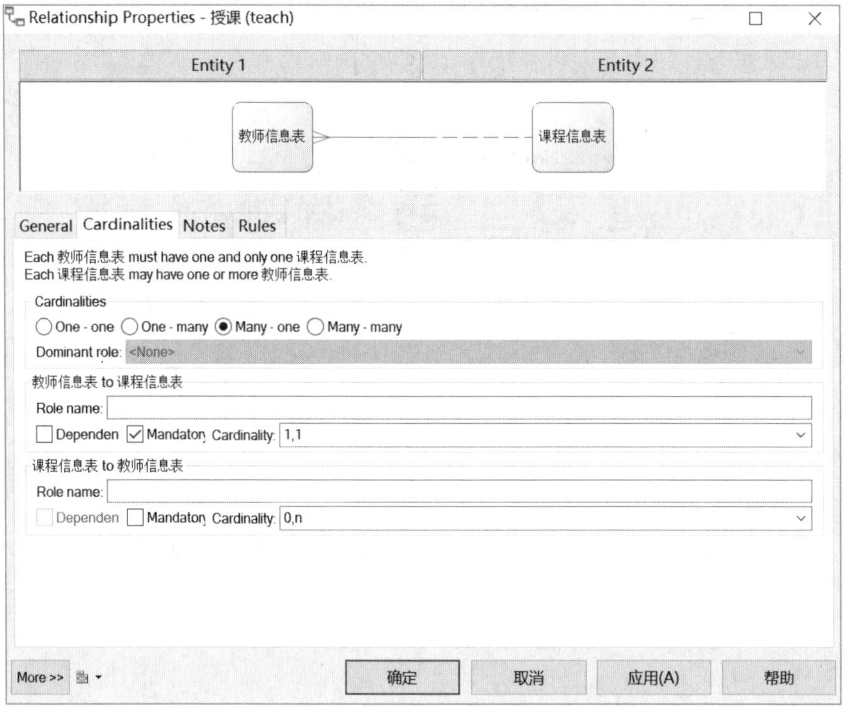

Relationship Properties - 授课 (teach)
Entity 1
Entity 2
教师信息表
课程信息表
General Cardinalities Notes Rules
Each 教师信息表 must have one and only one 课程信息表.
Each 课程信息表 may have one or more 教师信息表.
Cardinalities
One - one One - many Many - one Many - many
Dominant role: <None>
教师信息表 to 课程信息表
Role name:
Dependen Mandaton Cardinality: 1,1
课程信息表 to 教师信息表
Role name:
Dependen Mandaton Cardinality: 0,n
More >>
确定 取消 应用(A) 帮助

图 1-15

(7) 检查概念模型图。

我们绘制的概念模型可能出现某些错误，如没有指定属性名、关系指定不正确等，因此在绘制概念模型图后，一般需要进行检查。

执行 Tools→Check Model 命令，系统弹出“检查”对话框，单击“确定”按钮进行检查，检查结束后得到如图 1-16 所示的内容。

如果有错误，Result List 中将出现错误信息，用户可以根据这些错误提示进行修改，直到出现“0 error(s)”为止。

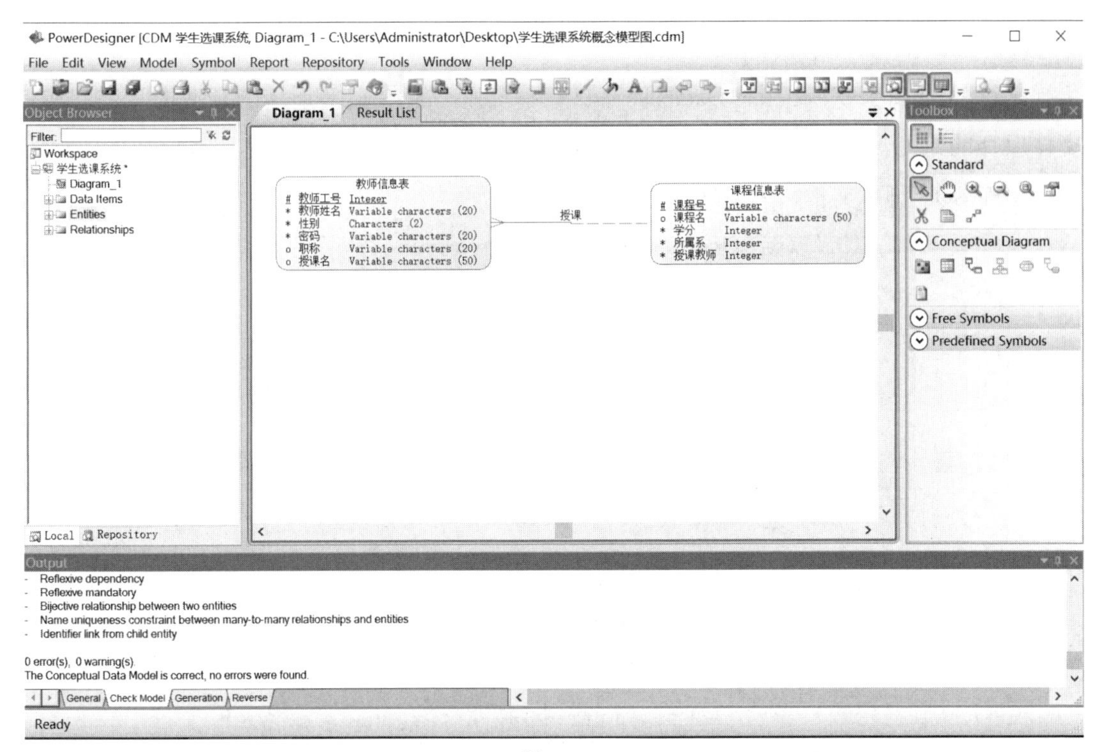

图 1-16

(8) 生成物理模型图。

在确定了项目采用的具体数据库之后，就可以根据概念模型图生成物理模型图。执行 Tools→Generate Physical Data Model 命令，系统弹出如图 1-17 所示的对话框，选择所要用的数据库类型，输入文件名，后缀默认为.pdm，单击“确定”按钮保存文件。

PDM Generation Options
General Detail Target Models Selection
Generate new Physical Data Model
DBMS: MySQL 5.0
Name: 学生选课系统物理模型图
Code: 学生选课系统物理模型图
Configure Model Options...
Update existing Physical Data Model
Select model: <None>
DBMS:
Preserve modifications
确定　取消　应用(A)　帮助

图 1-17

(9) 生成数据库 SQL 脚本。

执行 Data Base→Generate Database 命令，系统弹出如图 1-18 所示的对话框，选择脚本文件保存的路径，并输入文件名“学生选课系统”，单击“确定”按钮，将自动生成对应的数据库 SQL 脚本文件，后缀默认为.sql。

图 1-18

2. 使用 PowerDesigner 完善学生选课系统概念模型图，将其他四个实体加入概念模型中，并生成数据库 SQL 脚本。

为学生信息表创建索引和视图

课程目标

技能目标

- ❖ 了解索引的概念
- ❖ 熟悉索引的类型
- ❖ 掌握索引操作
- ❖ 掌握视图管理

素质目标

- ❖ 遵守安全规章制度
- ❖ 注重个人隐私保护
- ❖ 提高安全意识

简介

在 MySQL 中使用最多的操作是查询，对于大量数据的查询，需要提高查询速度以满足客户需要。若要快速地访问数据库中的特定信息，则可以建立索引加快数据查询效率。在计算机技术发展过程中，除了考虑性能问题，我们也必须关注环境与可持续性问题。在优化查询请求时，我们也应该遵循绿色技术创新理念，开展节能减排的技术研究。

在使用数据库时，不仅需要提高对数据的查询效率，也需要考虑数据的安全问题，在 MySQL 中可以使用视图来实现。视图是一个虚拟表，并没有真实地记录在数据库中，使用视图的用户只能访问允许访问的信息，从而提高了数据的安全性。面对当前互联网时代信息的爆炸式增长，人们愈加注重个人隐私保护，防止信息泄露。MySQL 数据库视图正好满足了这种需求，它可以通过对敏感数据进行屏蔽、过滤等操作，来限制非授权用户的访问。

任务一 为学生信息表创建索引

任务描述

在查询数据库中的数据时，系统默认会对全表的数据进行扫描，当数据量很大时，会导致查询效率降低。如果能快速到达一个位置去搜索数据，而不是查询所有数据，效率就会明显提高。索引就是提高查询效率的一种机制，使用索引可以快速找出数据表中的特定记录。本节任务是为学生信息表创建索引。

知识学习

1. 索引简介

MySQL 数据库索引是一种数据结构，用于在查找和排序数据时提高查询性能。它们是存储在表中的特殊列或字段，旨在加快对表中数据的访问。当执行 SELECT、UPDATE 或 DELETE 语句时，MySQL 数据库将使用索引来快速定位需要的行。它类似于新华字典的音序表，通过音序表人们可以快速地查找内容。索引就是数据表中数据和相应存储位置的列表，运用索引可以提高数据表中数据的查询速度。

以下是现实生活中使用 MySQL 索引的几个案例。

(1) 线上购物商城管理系统：一个商城可能有数万件商品，每件商品都有一个唯一的编码。如果没有索引，当用户寻找需要的商品时，系统需要全盘扫描所有商品，显然会非常耗时。因此，在“商品编码”字段上设置索引，可以大大加快系统响应速度。

(2) 电商网站订单管理系统：电商平台每天会处理大量订单，如果用户想查看自己的订单信息，系统必须快速地从海量数据中进行查询。在“订单号”字段上建立索引，可以让系统快速定位到对应的订单信息，以提高查询效率。

(3) 新闻网站搜索引擎：新闻网站上有大量的新闻数据，用户往往需要通过关键词来搜索想要了解的新闻。在“新闻标题”和“正文”字段上建立索引，可以让搜索引擎在庞大的数据量中快速定位到相关新闻，结果返回速度更快。

总之，在任何需要进行大量快速查询或多列关联查询的业务场景下，都可以考虑使用 MySQL 索引来提高数据库性能。

2. 索引分类

在 MySQL 中，按照存储方式和使用方法划分，可以将索引分为以下几类。

1) 普通索引

普通索引是最基本的索引类型，使用 KEY 或 INDEX 定义，它没有任何限制，可以在一个表上创建多个普通索引，在查询时可以根据索引快速地定位数据。普通索引的缺点是不能保证数据的唯一性，如果有重复的数据，就会检索失败。

2) 唯一索引

唯一索引和普通索引类似，唯一索引要求被索引的列的值唯一，但允许列值为 NULL。如果用户试图插入相同的值，则会返回一个错误。例如，在员工表 employee 的 email 字段上建立唯一索引，那么 email 字段的值必须是唯一的。

3) 主键索引

主键索引是一种特殊的唯一索引，它要求被索引的列的值唯一且不为 NULL。MySQL 会自动创建一个名为 PRIMARY 的主键索引，如果用户没有显式指定主键，则会使用第一个唯一索引作为主键。例如，在用户表 users 的 id 字段上建立主键索引，通过 PRIMARY KEY 关键字指定它为主键。主键索引在查询和更新数据时速度非常快。

4) 全文索引

MySQL 中的全文索引常用于在 TEXT、VARCHAR 或 CHAR 类型的列上搜索包含特定关键字或短语的行。全文索引与 SQL 中的 LIKE 模糊查询类似，不同的是 LIKE 模糊查询适用于在内容较少的文本中进行模糊匹配，全文检索则适用于在大量的文本中进行数据搜索。

上述 4 种类型的索引可以在一列或多列字段上进行创建。根据创建索引的字段个数，可以将索引分为单列索引和复合索引，具体介绍如下。

1) 单列索引

在 MySQL 中，单列索引是指只针对表中的一列数据建立的索引，特别适用于包含在 WHERE 子句、ORDER BY、GROUP BY 子句中的字段。它可以是普通索引、唯一索引或全文索引，只要保证该索引只对应表中一个字段即可。创建单列索引需要注意的是，每张表上的单列索引数量不宜过多，因为过多的单列索引会导致更新数据的速度变慢。

2) 复合索引

复合索引是指基于表中两个或更多个列的值创建的索引。也就是说，在执行 SELECT 语句时，该索引将返回两个或多个条件的匹配项。复合索引的操作速度比单列索引快得多，但是使用复合索引需要仔细考虑哪些字段的组合是比较有效的。例如，在 employee 表的 ename 和 deptno 字段上创建一个复合索引，只有查询条件中使用 ename 字段时，该索引才会被使用。在添加复合索引时，应注意以下要点。

(1) 确定应该使用哪些列；

(2) 按照正确的顺序编写列，以便数据库优化器可以最大程度地利用索引；

(3) 考虑列的数据类型和长度，确保创建的索引能在存储空间上得到支持。

需要注意的是，虽然创建索引可以提高查询速度，但是索引占用的磁盘空间较大，每个额外的索引都会增加内存占用。此外，每个额外的索引都会影响数据的更新速度，因此要创建合适的索引。

3. 创建索引

若想使用索引提高查询速度，需先创建索引。在一个已经存在的数据表上创建索引，可以使用 CREATE INDEX 语句。CREATE INDEX 语句创建索引的语法格式如下所示。

```
CREATE  [UNIQUE | FULLTEXT]
INDEX  index_name
ON table_name (column1, column2, ...);
```

在上述语法格式中，UNIQUE、FULLTEXT 是可选参数，分别用于表示创建唯一索引、全文索引，index_name 是要创建的索引名称，table_name 是要在其上创建索引的表名，column 是要在其上创建索引的列名。

4. 查看索引

如果想要查看数据表中已经创建的索引信息，则可以在 MySQL 中通过如下语法格式进行查看。

```
SHOW INDEX FROM 数据表名;
```

在上述语法格式中，使用 SHOW INDEX 可以查询数据表中所有的索引信息。

5. 删除索引

由于索引会占用一定的磁盘空间，为了避免影响数据库性能，应该及时删除不再使用的索引。MySQL 中可以使用 DROP INDEX 删除索引，其语法格式如下所示。

```
DROP INDEX 索引名 ON 数据表名;
```

在上述语法格式中，使用 DROP INDEX 可以删除指定的索引信息。

任务实施

1. 创建学生信息表索引

下面为学生信息表(stuiffo)创建索引，具体操作步骤如下。

(1) 创建 stuinfo 表，具体的 SQL 语句如下所示。

```
CREATE TABLE stuinfo (
    stuId INT PRIMARY KEY,
    name VARCHAR (20),
    sex CHAR (2),
    tel VARCHAR (11),
    email VARCHAR (20),
    address VARCHAR (50)
);
```

(2) 在 stuinfo 表中的 stuId 字段上创建一个名为 index_id 的索引，具体的 SQL 语句如下所示。

```
# 在 stuId 字段创建索引
CREATE INDEX index_id ON stuinfo(stuId);
```

(3) 在 stuinfo 表中的 tel 字段上创建一个名为 index_tel 的唯一索引，具体的 SQL 语句如下所示。

```
# 在 tel 字段创建唯一索引
CREATE UNIQUE INDEX index_tel ON stuinfo(tel);
```

(4) 在 stuinfo 表中的 address 字段上创建一个名为 index_address 的全文索引，具体的 SQL 语句如下所示。

```
# 在 address 字段创建全文索引
CREATE FULLTEXT INDEX index_address ON stuinfo(address);
```

(5) 在stuinfo表中的name和email字段上创建一个名为index_name_email的复合索引，具体的 SQL 语句如下所示。

```
# 在 name 和 email 字段创建复合索引
CREATE INDEX index_name_email ON stuinfo(name,email);
```

2. 查看学生信息表索引

参照查看索引的语法，下面查看 stuinfo 表中的索引，具体的 SQL 语句如下所示。

```
# 查看 stuinfo 表中的索引
SHOW INDEX FROM stuinfo;
```

执行结果如图 2-1 所示。

信息 Result 1 概况 状态

Table	Non_unique	Key_name	Seq_in_index	Column_name	Collation	Cardinality	Sub_part	Packed	Null	Index_type
stuinfo	0	PRIMARY	1	stuId	A	0	(Null)	(Null)		BTREE
stuinfo	0	index_tel	1	tel	A	0	(Null)	(Null)	YES	BTREE
stuinfo	1	index_id	1	stuId	A	0	(Null)	(Null)		BTREE
stuinfo	1	index_name_email	1	name	A	0	(Null)	(Null)	YES	BTREE
stuinfo	1	index_name_email	2	email	A	0	(Null)	(Null)	YES	BTREE
stuinfo	1	index_address	1	address	(Null)	0	(Null)	(Null)	YES	FULLTEXT

图 2-1

从执行结果可以看出，查询出了 stuinfo 表中所有的索引信息。图 2-1 中的索引信息字段的含义如表 2-1 所示。

表 2-1

字段名	含义
Table	索引所在数据表的名称
Non_unique	索引是否唯一，0 表示是，1 表示否
Key_name	索引的名称，如果索引是主键索引，则它的名称为 PRIMARY
Column name	建立索引的字段

从执行结果和描述信息可以看出，stuinfo 表在字段 stuId 上创建了一个主键索引。

不仅可以使用查看索引的语法查看索引，还可以使用数据库管理工具 Navicat 查看索引。右击表名，选择设计表，切换到索引，如图 2-2 所示。

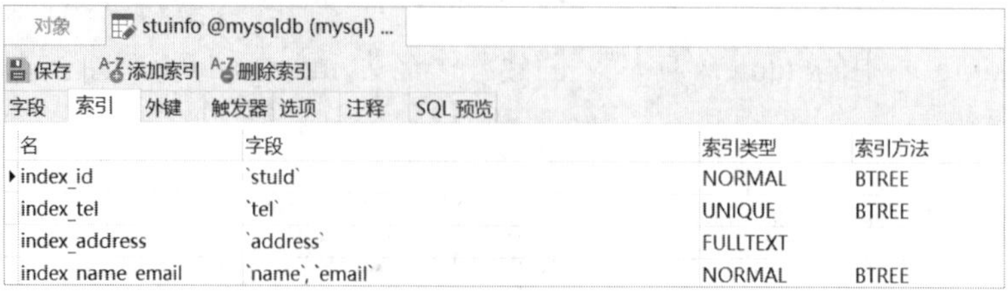

对象 stuinfo @mysqldb (mysql) ...

保存 添加索引 删除索引

字段 索引 外键 触发器 选项 注释 SQL 预览

名	字段	索引类型	索引方法
index_id	`stuId`	NORMAL	BTREE
index_tel	`tel`	UNIQUE	BTREE
index_address	`address`	FULLTEXT	
index_name_email	`name`, `email`	NORMAL	BTREE

图 2-2

3. 删除学生信息表索引

参照删除索引的语法，删除 stuinfo 表中索引名为 index_id 的索引，具体的 SQL 语句如下所示。

```
# 删除表中索引名为 index_id 的索引
DROP INDEX index_id ON stuinfo;
```

DROP INDEX 语句执行成功后，可以使用查看索引的语法来验证 index_id 索引是否已经删除。

任务小结

创建索引有助于对数据库的性能进行优化，但过多地创建索引也可能会导致性能下降，因此需要谨慎地创建索引。创建索引时需要注意以下几点。

- 针对数据量大且查询频次较高的表创建索引。
- 针对经常需要作为查询条件、排序条件、分组条件操作的字段创建索引。
- 尽量选择区分度高的字段作为索引。区分度高表示一眼就能找出关键数据，如姓名字段、手机号字段，而性别字段没有任何区分度。
- 尽量使用复合索引，减少单列索引。查询时，复合索引很多时候可以覆盖单列索引，节省存储空间，提高查询效率。
- 要控制索引的数量，索引并不是越多越好，索引越多，维护索引结构的代价越大。

任务二　为学生信息表创建视图

任务描述

在实际开发中，为了保证数据的安全性，有时只需要向用户提供指定字段的数据信息，此时可以使用视图来实现。例如，员工薪资是一个敏感的字段，只向某个级别以上的人员开放，其他人的查询视图中则不提供该字段。视图在数据库中的作用类似于生活中的窗户，用户通过窗口只能看到指定的数据。本节任务是为学生信息表创建视图。

知识学习

1. 视图简介

视图是一种虚拟表，本身是没有数据的，占用很少的内存空间，它是 SQL 中的一个重要概念。视图建立在已有表的基础上，这些表称为基表，向视图提供数据内容的语句为 SELECT 语句，可以将视图理解为存储起来的 SELECT 语句。视图不会保存数据，数据实际上是保存在数据表中的。当对视图中的数据进行增加、删除和修改操作时，数据表中的数据会相应地发生变化。

视图是向用户提供基表数据的另一种表现形式。通常情况下，小型项目的数据库可以不使用视图，但是在大型项目中，或者数据表比较复杂的情况下，视图的价值将得以凸显，它可以帮助人们把经常查询的结果集放到虚拟表中，提升使用效率，使用起来非常方便。

与直接从真实数据表中进行数据操作相比，视图具有以下优点。

(1) 简化了操作。视图可简化操作，便于用户在查询过程中使用通用的语句。例如，日常开发需要使用一个很复杂的语句进行查询，此时可以将该查询语句定义为视图，从而避免大量复杂的操作。

(2) 提高了安全性。数据库授权命令，可以使每个用户对数据库的检索限制到特定的数据库对象上，但不能限制到特定行和特定列上。但通过视图，可以更加方便地进行权限控制，使特定用户只能查询和修改指定的数据，而无法查看和修改数据库中的其他数据。

(3) 使数据更加独立。视图可以帮助用户屏蔽真实表结构变化带来的影响。例如，在数据表中添加字段不会影响基于该数据表查询出数据的视图。

总之，视图是非常有用的，使用视图是为了保障数据安全性，提高查询效率。

2. 创建视图

在 MySQL 中，创建视图可以使用 CREATE VIEW 语句，其基本语法格式如下所示。

```
CREATE [OR REPLACE]
VIEW 视图名称 [(字段列表)]
AS 查询语句;
```

各参数的具体介绍如下。

- [OR REPLACE]：可选参数，表示如果数据库中已经存在该名称的视图，就替换原有的视图，如果不存在则创建视图。
- 视图名称：表示要创建的视图名称，该名称在数据库中必须是唯一的，不能与其他表或视图名称一样。

- 字段列表：表中所有列(字段)的集合。每个列都有一个名称和一个数据类型，用于存储特定类型的数据。
- 查询语句：指一个完整的查询语句，表示从某个表或视图中查询出满足条件的记录，将这些记录导入视图中。一般将查询语句所涉及的数据表称为视图的基表。

3. 修改视图

修改视图通常是在应用程序开发中进行的。例如，当基表中的字段发生变化时就需要对视图进行修改，否则查询视图就会出错。

在 MySQL 中可以使用 ALTER 语句来修改视图，其语法格式如下所示。

```
ALTER VIEW 视图名 AS 查询语句;
```

4. 删除视图

当视图不再使用时，就需要删除视图。删除视图时，只会删除所创建的视图，不会删除基表中的数据。删除视图使用 DROP VIEW 语句，可删除一个或多个视图，其语法格式如下所示。

```
DROP VIEW 视图名[...,视图名 1,...];
```

在此语法中，删除一个视图直接写视图名即可，删除多个视图时，视图名之间使用逗号隔开。

任务实施

视图的基表可以是一张数据表，也可以是多张数据表。下面分别以视图的基表为单表和多表这两种情况进行任务实施。

1. 基于单表创建视图

现在要开发一个学生管理系统，需要将学生编号、学生姓名、学生性别和地址等信息提供给开发人员，为了保障信息的安全，可以创建包含这些学生信息的视图供开发人员使用，具体的 SQL 语句如下所示。

```
# 创建包含学生编号、学生姓名、学生性别和地址的视图，视图名称为 view_stuinfo
CREATE VIEW view_stuinfo AS SELECT stuId,name,sex,address FROM stuinfo;
```

默认情况下，创建的视图中的字段名和基表中的字段名是一样的。可以使用 SELECT 语句查看 view_stuinfo 视图，SQL 语句如下所示。

```
# 查看 view_stuinfo 视图
SELECT *FROM view_stuinfo;
```

执行结果如图 2-3 所示。

stuId	name	sex	address
202301	鲁晨	男	陕西省西安市
202302	邓小英	女	河北省石家庄市
202305	朱路	男	甘肃省兰州市
202311	毋童	女	江西省赣州市
202320	吕冰	女	陕西省宝鸡市

图 2-3

从执行结果可以看出，创建的视图 view_stuinfo 的字段名和数据表 stuinfo 的字段名是一样的。视图的字段名可以使用基表的字段名命名，也可以根据实际需求自定义。如果数据库管理员认为将真实字段名显示在视图中不安全，想使创建的视图 view_stuinfo 中的字段名和基表中的字段名不一致，则可编写如下 SQL 语句。

```
# 创建视图名为 view_stuinfo 的视图
# 包含学生编号、学生姓名、学生性别和地址，与基表字段名不一致
CREATE OR REPLACE VIEW view_stuinfo(info_id,info_name,info_sex,info_add)
AS
SELECT stuId,name,sex,address FROM stuinfo;
```

使用 SELECT 语句查看 view_stuinfo 视图，执行结果如图 2-4 所示。

info_id	info_name	info_sex	info_add
202301	鲁晨	男	陕西省西安市
202302	邓小英	女	河北省石家庄市
202305	朱路	男	甘肃省兰州市
202311	毋童	女	江西省赣州市
202320	吕冰	女	陕西省宝鸡市

图 2-4

从执行结果可以看出，虽然视图中的字段名与之前的字段名不一样，但是查询出来的数据是相同的。在实际开发工作中，可以根据需求来创建视图获取基表中的数据，这样既能满足需求，又不破坏基表的结构，保证了数据的安全性。

2. 基于多表创建视图

在 MySQL 中不仅可以在单表上创建视图，也可以在多表上创建视图。下面将在多表上创建视图。

根据需求，需要将学生编号、姓名、性别、地址、邮箱、所在系名称等信息提供给开发人员，创建视图的 SQL 语句如下所示。

```
CREATE OR REPLACE VIEW
view_stuinfo_depart(info_id,info_name,info_sex,info_add,info_email,info_departname)
AS SELECT stuId,name,sex,address,email,departName FROM stuinfo s LEFT JOIN department d
ON s.departId=d.departId;
```

使用 SELECT 语句查看 view_stuinfo_depart 视图，执行结果如图 2-5 所示。

info_id	info_name	info_sex	info_add	info_email	info_departname
202301	鲁晨	男	陕西省西安市	lcheng@qq.com	信息工程学院
202302	邓小英	女	河北省石家庄市	dxy@qq.com	信息工程学院
202305	朱路	男	甘肃省兰州市	zhulu@qq.com	信息工程学院
202311	毋童	女	江西省赣州市	wutong@qq.com	传媒学院
202320	吕冰	女	陕西省宝鸡市	lvbing@qq.com	医学院

图 2-5

从执行结果可以看出，视图中的字段名和基表(包含 stuinfo 表和 department 表)中的字段名不一致，但是视图中的数据和基表中的数据是一致的。

3. 修改学生信息表视图

接下来，使用 ALTER 语句修改视图。为了安全起见，在视图中没必要显示学生的地址和邮箱信息，现需要将 view_stuinfo_depart 视图中的地址和邮箱字段删除。使用 ALTER 语句修改视图，其 SQL 语句如下所示。

```
ALTER VIEW view_stuinfo_depart(info_id,info_name,info_sex,info_departname)
AS SELECT stuId,name,sex,departName FROM stuinfo s LEFT JOIN department d ON
s.departId=d.departId;
```

使用 SELECT 语句查看 view_stuinfo_depart 视图，执行结果如图 2-6 所示。

info_id	info_name	info_sex	info_departname
202301	鲁晨	男	信息工程学院
202302	邓小英	女	信息工程学院
202305	朱路	男	信息工程学院
202311	毋童	女	传媒学院
202320	吕冰	女	医学院

图 2-6

从执行结果可以看出，视图中不再包含地址和邮箱字段，说明视图已经修改完成。

4. 删除学生信息表视图

若要删除 view_stuinfo 视图，则可以使用 DROP VIEW 语句来实现，其 SQL 语句如下所示。

```
# 删除 view_stuinfo 视图
DROP VIEW view_stuinfo;
```

使用 SELECT 语句查看 view_stuinfo 视图，执行结果如图 2-7 所示。

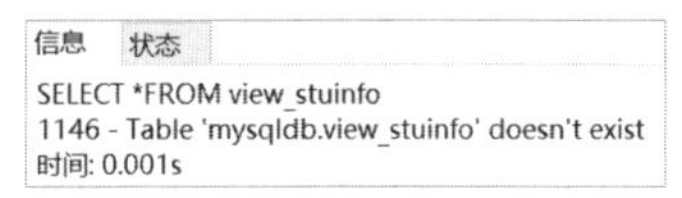

图 2-7

结果显示“Table 'mysqldb.view_stuinfo' doesn't exist”，即视图 view_stuinfo 不存在，证明删除成功。

同时删除多个视图，其 SQL 语句如下所示。

```
# 同时删除 view_info 视图和 view_stuinfo_depart 视图
DROP VIEW view_info
DROP VIEW view_stuinfo_depart;
```

需要注意的是，删除视图必须要有 DROP 权限。

任务三 使用院系表视图更新数据

任务描述

在 MySQL 中，还可以通过视图来更新数据。使用视图更新数据就是通过视图来添加、修改、删除基表中的数据。视图是一个虚拟表，并不能保存数据，因此使用视图更新数据，实际更新的是基表中的数据。本节任务是使用院系表视图添加、修改、删除数据。

任务实施

1. 使用视图添加数据

因人工智能市场人才需求量大，发展前景很好，某学校准备开设人工智能学院，现需要使用视图向院系信息表中添加人工智能学院的信息。

首先，创建院系信息表对应的视图，通过视图可以查看院系信息表中的所有数据，其 SQL 语句如下所示。

```
# 创建院系信息表对应的视图
CREATE VIEW view_depart(d_id,d_name)
AS
SELECT *FROM department;
```

使用 SELECT 语句查看 view_depart 视图，执行结果如图 2-8 所示。

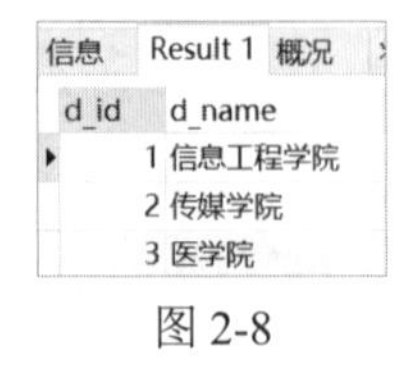

图 2-8

然后，通过视图向基表中添加数据，添加方式与直接向表中添加数据相同，其 SQL 语句如下所示。

```
# 使用视图向表中添加数据
INSERT INTO view_depart VALUES(4,'人工智能学院');
```

使用 SELECT 语句查看 view_depart 视图，执行结果如图 2-9 所示。

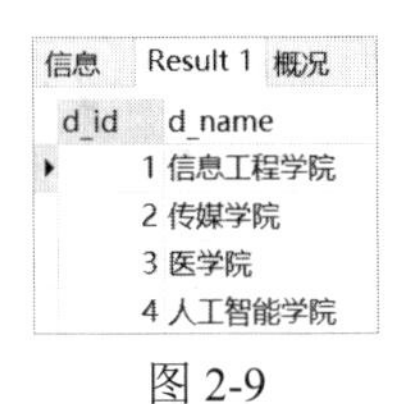

信息　Result 1　概况

d_id	d_name
1	信息工程学院
2	传媒学院
3	医学院
4	人工智能学院

图 2-9

从执行结果可以看出，基表中添加了一条新数据，说明通过视图成功地向基表添加了数据。

2. 使用视图修改数据

现接到学校通知，要将传媒学院的名称修改为自媒体数据中心，此时可以使用 UPDATE 语句通过视图来修改名称，其 SQL 语句如下所示。

```
UPDATE view_depart SET d_name='自媒体数据中心' WHERE d_name='传媒学院';
```

使用 SELECT 语句查看 view_depart 视图，执行结果如图 2-10 所示。

信息　Result 1　概况

d_id	d_name
1	信息工程学院
2	自媒体数据中心
3	医学院
4	人工智能学院

图 2-10

从执行结果可以看出，基表的院系名称中没有“传媒学院”了，换成了“自媒体数据中心”，说明通过视图成功地修改了基表的数据。

3. 使用视图删除数据

现接到学校通知，人工智能学院暂时取消，需要在院系信息表中将其删除，此时可以使用 DELETE 语句通过视图来删除该数据信息，其 SQL 语句如下所示。

```
DELETE FROM view_depart WHERE d_name='人工智能学院';
```

使用 SELECT 语句查看 view_depart 视图，执行结果如图 2-11 所示。

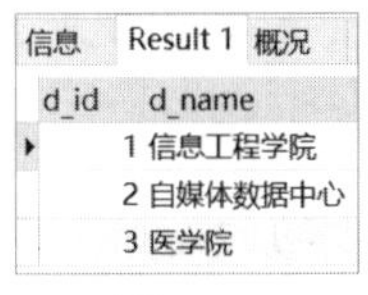

信息　Result 1　概况

d_id	d_name
1	信息工程学院
2	自媒体数据中心
3	医学院

图 2-11

从执行结果可以看出，基表的院系名称中没有“人工智能学院”了，说明通过视图使用 DELETE 语句成功地删除了基表的数据。

思政讲堂

提高安全意识

随着互联网的不断发展，高新技术产品进入市场，改变了人们的生活方式，给千家万户带来了方便、实惠、享受，但也带来了风险，由于大多数人缺乏科技安全知识，造成了许多意外事故。

以金融科技风险为例，产生金融科技风险的原因主要有以下三个方面：第一，部分科技工作者安全技术水平低，安全意识薄弱。虽然管理者制定了相应的安全管理制度，但是在执行过程中，会出现执行力度小或误操作等情况，导致数据泄露或密码丢失等，使系统安全受到很大威胁。第二，计算机网络安全技术水平低。由于系统漏洞的存在，一些不法分子(如黑客)有可乘之机，他们通过侵入系统盗取数据，甚至给系统带来毁灭性的破坏。第三，监督管理机制不完善。很多第三方支付、P2P 交易模式等新型交易平台出现时，没有经过严格的监管审核，缺乏相应法律法规的约束，从而出现了盗取客户资金 0 而追讨无果的后果。

安全是先行者，在安全得不到保障的情况下，客户的信息和资产就得不到保障，进而影响互联网技术的发展，长远来说还会阻碍经济的发展和社会的进步。因此，在互联网发展过程中，首先要解决安全问题。解决安全问题需要科技工作者、业务人员和监管者等多方共同努力。此外，每种新技术、新产品的出现，都会伴随着新的攻击手段的出现，因此一定要重视安全问题，并不断寻找解决各种安全问题的方法。其次相关管理部门需要制定相应的安全管理规范和规章制度，以提高操作人员的技术水平，规范其操作行为，进而规避人为因素带来的金融风险。

金融与计算机相互依赖、相互促进。金融产品业务模式的创新促进了计算机技术的进步，同时计算机技术的进步带动了金融业务的发展。为了更好地为金融服务，为金融产品保驾护航，必须增强计算机安全管理意识，尽量避免人为操作和技术缺陷带来的风险。

在研究金融科技的过程中，我们通过分析信息安全问题，研究金融领域的风险现状和计算机技术在金融行业中的运用，来进一步探讨利用计算机技术防范金融风险的方法。若要实现安全、舒适、高效地从事一切活动的愿望，就要提高人民的安全科技文化素质、树立跨世纪的安全文化新观点，这是安全科技进步和市场经济发展的要求；珍惜生命，善待人生，通过安全文化的传播、宣传和教育，使公众觉醒、理解，这是人民的需求；保护人的身心健康，这是社会的责任。只有全民为之奋斗，世代继承和发展，中国安全文化的长流才会滚滚向前。

单元小结

- 使用索引可以加快数据访问速度。
- 索引分类：普通索引、唯一索引、主键索引、全文索引。
- 索引操作：创建索引、查看索引、删除索引。
- 视图用来查看一个表或多个表的数据。
- 视图管理：创建视图、修改视图、删除视图，使用视图更新数据。

单元自测

一、选择题

1. 在创建索引的语法中，index_ name 表示的含义是(　　)。

A. 索引字段　　B. 索引方式
C. 索引名称　　D. 索引类型

2. 下列选项中，用于定义全文索引的是(　　)。

A. 用 KEY 定义的索引　　B. 用 FULLTEXT 定义的索引
C. 用 INDEX 定义的索引　　D. 用 UNIQUE 定义的索引

3. 下列选项中，不属于 MySQL 索引的是(　　)。

A. 主键索引　　B. 普通索引
C. 全文索引　　D. 约束索引

4. 下列在 students 表上创建 view_stu 视图的语句中，正确的是(　　)。

A. CREATE VIEW view_stu IS SELECT * FROM students;
B. CREATE VIEW view_stu AS SELECT * FROM students;
C. CREATE VIEW view_stu SELECT * FROM students;
D. CREATE VIEW SELECT * FROM students AS view_stu;

5. 以下关于视图的说法中，不正确的是(　　)。

A. 视图可以使不同的用户以不同的方式看到数据集

B. 视图不能用于连接多表

C. 视图可以使用户只关心自己感兴趣的某些特定数据

D. 利用视图可以整合数据库中复杂、分散的数据，并以更简洁、定制化的方式展示给不同的用户

二、问答题

1. 描述索引的分类。
2. 描述创建索引的原则。
3. 描述视图的优点。

三、上机题

现有员工表 emp(见表 2-2)和部门表 dept(见表 2-3)。

表 2-2

字段名称	数据类型	备注
empno	INT	员工编号，主键
ename	VARCHAR(20)	员工姓名，非空
esex	CHAR(2)	员工性别
hiredate	DATE	入职时间
phone	VARCHAR(11)	员工电话
address	VARCHAR(20)	员工地址
salary	DECIMAL(7,2)	员工薪水
deptno	INT	部门编号，外键

表 2-3

字段名称	数据类型	备注
deptno	INT	部门编号，主键
dname	VARCHAR(20)	部门名称，非空
remark	VARCHAR(50)	部门说明

根据表结构创建表并添加测试数据，使用索引和视图完成以下要求。

(1) 在部门表的 dname 字段创建唯一索引。

(2) 在员工表的 ename 字段和 phone 字段创建复合索引。

(3) 在员工表的 address 字段创建全文索引。

(4) 使用视图向部门表添加数据。

(5) 创建一个视图 view_emp，查询员工编号、姓名、性别、入职时间、部门编号。

(6) 创建一个视图 view_emp_dept，查询员工编号、姓名、性别、入职时间、电话、地址及所在部门名称，要求视图字段名和基表字段名不一致。

(7) 更改 view_emp_dept 视图，不显示员工电话及地址信息。

学习笔记

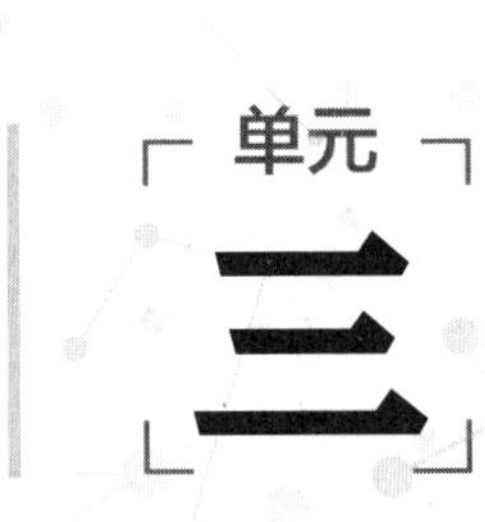

使用过程和函数查询学生信息

课程目标

技能目标

- ❖ 掌握存储过程的定义和使用
- ❖ 掌握存储函数的定义和使用
- ❖ 了解存储过程和存储函数的区别

素质目标

- ❖ 树立职业理想
- ❖ 重视职业个性
- ❖ 养成良好的职业素养

简介

在 MySQL 中，为了提高 SQL 语句的重用性，可以将频繁使用的业务逻辑 SQL 代码封装成程序进行存储，在使用时直接调用该程序，类似于开发语言中的方法，这类程序在 MySQL 中包含存储过程和存储函数。在进行存储过程的开发和实施时，必须遵循正确、积极的指导方针。当涉及较为敏感的数据时，必须确保开发人员没有做出不良决策，没有使这些数据遭受损失或其他不良后果。存储函数在解决数据库运维问题的同时反映了一种"分而治之，专业化"的管理理念。存储函数的设计者首先要充分了解数据模型和应用场景，正确地抽离出公共的、可重用的功能模块，并且根据 API(application program interface，应用程序接口)文档规范接口，体现了资深技术人员的责任心和专业素养。本单元主要介绍存储过程和存储函数的概念，以及创建、调用、修改、删除存储过程和函数等基本操作。

任务一 使用过程查询学生信息

任务描述

随着数据库技术的不断发展，数据处理方式越来越多样化。存储过程作为一种常见的数据处理方式，被越来越多的数据库管理人员所使用。MySQL 数据库作为一种开放源代码的关系数据库管理系统，在数据的存储过程方面也提供了多种解决方案。

在 MySQL 中，存储过程(stored procedure)是一段预先编译好的 SQL 语句集合。通过一个单独的语句，可以调用存储过程并执行其中的多条 SQL 语句。它经常用于执行重复的任务或在 MySQL 服务器上执行特定的操作。它可以接收输入参数并返回输出结果，还可以包含控制语句(IF、WHILE、LOOP 等)。本节任务是使用过程查询学生信息。

知识学习

1. 存储过程简介

与简单的 SQL 查询不同的是，存储过程是保存在 MySQL 服务器上的代码块，这意味着只需要编写一次代码，每当需要使用时就可以直接调用它，不必再次编写或复制相同的代码。

从性能角度来看，在 MySQL 数据库中使用存储过程可以提高性能，因为存储过程通常比单独执行多条 SQL 命令更快。此外，存储过程还可以使代码更加安全和可靠，因为它将所有必要的 SQL 查询封装在一起，可控制和限制对数据库的操作。

MySQL 中使用存储过程主要有以下优点。

(1) 提高性能：存储过程中编写的 SQL 语句都是预先编译好的，每次调用时只需要传递参数并执行。相比于大量烦琐的 SQL 查询，可以大大降低数据库服务器的负载压力。

(2) 提高安全性：嵌入在应用程序中的 SQL 语句容易被攻击者注入漏洞来访问和修改数据库。而使用存储过程则可对数据库进行封装，只允许通过特定的流程和接口访问数据库，从而保障数据安全。

(3) 方便维护和管理：存储过程提供了一种更加统一的管理方式。可以将一些常用或重要的操作封装成存储过程，并赋予相关权限给这些存储过程的管理人员，从而方便跨团队、跨部门的维护和管理。

(4) 简化复杂业务：存储过程支持分支判断、循环等控制结构，可以实现一些复杂的业务逻辑。使用存储过程可以大大简化应用程序中烦琐且容易出错的业务处理流程，提高工作效率。

总而言之，存储过程可以提高性能、安全性和代码可维护性，在 MySQL 中使用存储过程是非常有必要的。

以下是在实际开发过程中常见的一些场景，可以考虑使用 MySQL 的存储过程来实现。

(1) 批量处理数据：如果需要经常执行一些复杂的数据处理逻辑，则可以将这些逻辑封装在一个存储过程中进行批量处理。

(2) 提供 API 接口：如果需要提供一些数据库的操作接口供应用程序调用，则可以将这些操作封装在存储过程中，从而提供安全可控的接口。

(3) 数据库访问控制：在存储过程中编写检查逻辑和权限验证逻辑可以限制用户对数据库的访问。

2. 创建存储过程

在 MySQL 中，使用 CREATE PROCEDURE 语句来创建存储过程，其基本语法格式如下所示。

```
CREATE PROCEDURE procedure_name(
    [IN | OUT | INOUT] parameter_name data_type,
    [IN | OUT | INOUT] parameter_name2 data_type,
    ...
)
BEGIN
    SQL statements;
END;
```

在上述语法格式中，CREATE PROCEDUR是创建存储过程的关键字，procedure_name是存储过程的名称。存储过程的参数是可选的，使用参数时，如果有多个参数，参数之间使用逗号隔开。parameter_name是存储过程参数的名称，data_type是存储过程参数的数据类型。存储过程的参数包括以下3种类型。

- IN 表示输入参数，该参数需要在调用存储过程时传入。
- OUT 表示输出参数，它用于将存储过程中的值保存到 OUT 指定的参数中，返回给调用者。
- INOUT 表示输入输出参数，既可以作为输入参数，又可以作为输出参数。

BEGIN 表示过程体的开始，END 表示过程体的结束，如果过程体中只有一条 SQL 语句，则可以省略 BEGIN 和 END 标志。

3. 调用存储过程

在 MySQL 中，要想使用创建好的存储过程，则需要对其进行调用。调用存储过程可以使用 CALL 语句，具体的语法格式如下所示。

```
CALL procedure_name(param1, param2, ...);
```

在上述语法格式中，procedure_name 是存储过程的名称，param1 和 param2 等是存储过程需要的实际参数。参数列表传递的实参需要与创建存储过程的形参相对应。当形参指定为 IN 时，实参可以为变量或具体的数据；当形参指定为 OUT 或 INOUT 时，调用存储过程传递的参数必须是一个变量，用于接收返回给调用者的数据。

4. 删除存储过程

存储过程创建完成后，会一直保存在数据库的服务器上，如果当前存储过程不再使用，则可以进行删除。在 MySQL 中，可以使用 DROP PROCEDURE 语句删除存储过程，具体的语法格式如下所示。

```
DROP PROCEDURE [IF EXISTS] procedure_name;
```

其中，IF EXISTS 是可选的，用于判断是否存在该名称的存储过程。如果存在，则删除；如果不存在，则可以产生一个警告信息，以免发生错误。procedure_name 是要删除的存储过程的名称。

任务实施

1. 创建查询学生信息的过程

为了让大家更好地理解存储过程，下面通过一个案例来讲解存储过程的创建。

在学生管理系统中经常需要查询所有学生的信息，现将此需求编写成存储过程，以提高数据处理的效率，具体的 SQL 语句如下所示。

```
DELIMITER //
CREATE PROCEDURE pro_stuinfo()
BEGIN
  SELECT *FROM stuinfo;
END//
DELIMITER;
```

上面语句创建了一个名为 pro_stuinfo 的存储过程，该存储过程没有参数，使用 SELECT 语句查询学生信息表 stuinfo 中的所有学员信息。

值得注意的是，上面语句中 DELIMITER //语句的作用是设置结束符为//。在 MySQL 中默认的语句结束符是分号，但在创建存储过程时，存储过程的过程体可能包含多条 SQL 语句，为了避免分号与存储过程中 SQL 语句的结束符发生冲突，需要使用 DELIMITER 设置存储过程的结束符。DELIMITER 与要设置的结束符之间必须要有一个空格，否则设置无效。存储过程定义完毕后使用 DELIMITER;语句恢复默认结束符。当然，还可以使用 DELIMITER 将其他符号设置为结束符。

2. 创建带参数的过程

在创建存储过程的语法中，参数是可选的，在上面案例中创建的存储过程没有带参数，那带参数的存储过程如何创建呢？下面我们继续通过案例进行学习。现要查询某个院系的所有学生信息，在编写存储过程完成该功能时可以将院系编号作为输入参数，具体的 SQL 语句如下所示。

```
DELIMITER //
CREATE PROCEDURE pro_stuinfo2(IN tempId INT)
BEGIN
  SELECT *FROM stuinfo WHERE departId=tempId;
END//
DELIMITER;
```

上面语句创建的存储过程带了输入参数，输入参数名为 tempId，使用 SELECT 语句查询指定院系的所有学员信息。

在存储过程语法定义中，参数包含输入参数和输出参数，那么带输出参数的存储过程该如何定义呢？下面我们继续通过案例进行学习。现要统计院系所有学员人数并输出统计结果。在编写存储过程时，可以将院系编号作为输入参数，将统计人数作为输出参数，具体的 SQL 语句如下所示。

```
DELIMITER //
CREATE PROCEDURE pro_stuinfo3(IN tempId INT,OUT tempCount INT)
BEGIN
  SELECT COUNT(*) INTO tempCount FROM stuinfo WHERE departId=tempId;
END//
DELIMITER;
```

上面语句创建的存储过程既带了输入参数，又带了输出参数。tempCount 为输出参数，使用 SELECT 语句统计院系的学员人数，赋值给输出参数。

3. 调用过程查询学生信息

下面通过案例来讲解存储过程的调用。例如，使用存储过程 pro_stuinfo 来查询所有学员信息，具体的 SQL 语句如下所示。

```
CALL pro_stuinfo();
```

执行结果如图 3-1 所示。

```
25  # 调用存储过程
26  CALL pro_stuinfo();
```

信息 Result 1 概况 状态

stuId	name	sex	tel	email	address	departId
202301	鲁晨	男	15666537002	lcheng@qq.com	陕西省西安市	1
202302	邓小英	女	13765520013	dxy@qq.com	河北省石家庄市	1
202305	朱路	男	17788031234	zhulu@qq.com	甘肃省兰州市	1
202311	毋童	女	18900156771	wutong@qq.com	江西省赣州市	2
202320	吕冰	女	13995670021	lvbing@qq.com	陕西省宝鸡市	3

图 3-1

从执行结果可以看出，查询出了所有学员信息，成功地调用了存储过程。

对于带参数的存储过程，在调用时传递的实参要和创建存储过程的形参相对应。以前面创建的带参数的存储过程 pro_stuinfo2 为例，在创建该存储过程时指定形参为 IN，在调用时实参为具体的数据，查询学生信息表 stuinfo 中院系编号是 1 的学员信息，具体的 SQL 语句如下所示。

```
CALL pro_stuinfo2(1);
```

执行结果如图 3-2 所示。

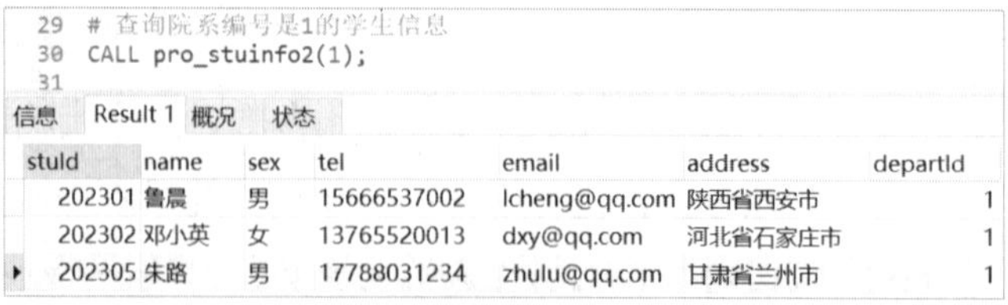

```
29  # 查询院系编号是1的学生信息
30  CALL pro_stuinfo2(1);
31
```

信息 Result 1 概况 状态

stuId	name	sex	tel	email	address	departId
202301	鲁晨	男	15666537002	lcheng@qq.com	陕西省西安市	1
202302	邓小英	女	13765520013	dxy@qq.com	河北省石家庄市	1
202305	朱路	男	17788031234	zhulu@qq.com	甘肃省兰州市	1

图 3-2

从执行结果可以看出，使用 CALL 调用存储过程传入参数 1，查询出了院系编号是 1 的所有学员信息，成功地调用了带参数的存储过程。

调用带输出参数的存储过程与调用带输入参数的存储过程类似，只不过此时输出参数的实参不是具体的数据，而是一个变量，以统计院系学员人数的存储过程为例，具体的 SQL 语句如下所示。

```
CALL pro_stuinfo3(1,@count);
SELECT @count;
```

该语句先使用 CALL 调用存储过程，@count 表示一个变量，用来存储输出参数的值，再使用 SELECT 查询该变量，执行结果如图 3-3 所示。

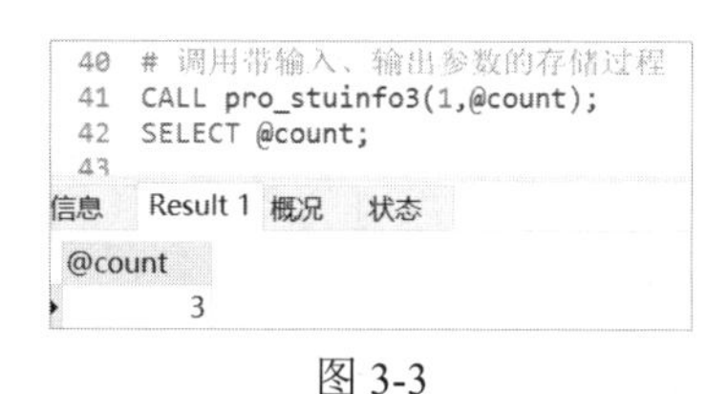

图 3-3

4. 删除查询学生信息的过程

下面通过案例来讲解存储过程的删除。例如，删除前面创建的名称为 pro_stuinfo 的存储过程，具体的 SQL 语句如下所示。

```
# 删除名称为 pro_stuinfo 的存储过程
DROP PROCEDURE IF EXISTS pro_stuinfo;
```

再使用 CALL 调用该存储过程，执行结果如图 3-4 所示。

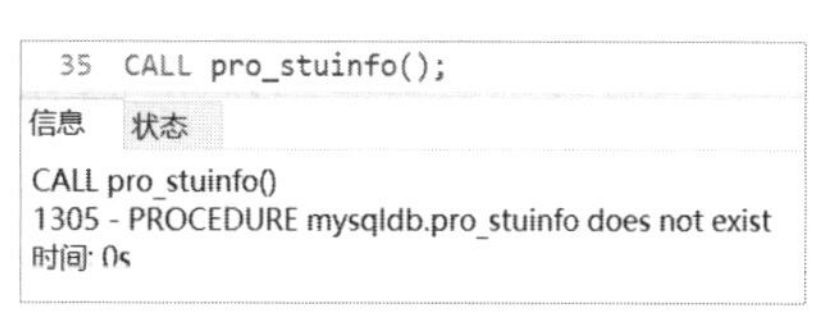

图 3-4

从执行结果可以看出，没有查询出任何记录，提示该存储过程不存在，证明成功地删除了 pro_stuinfo 存储过程。注意，删除存储过程时只写该存储过程名称即可。

删除带参数的存储过程，具体的 SQL 语句如下所示。

```
# 删除带参数的存储过程
DROP PROCEDURE IF EXISTS pro_stuinfo2;
```

任务二 使用函数查询学生姓名

任务描述

MySQL 提供了很多功能强大、方便易用的函数。MySQL 的函数可以分为两种，一种是内置函数，另一种是自定义函数。在 MySQL 中，为了满足开发的需求，经常需要自定义函数，我们把自定义的函数称为存储函数，通常简称为函数。存储函数和内置函数一样，都用于实现指定功能。本节任务是使用函数查询学生姓名。

知识学习

1. 存储函数简介

在 MySQL 中定义存储函数是为了封装常用或复杂的查询以便重用，从而提高代码可读性和维护性。既然有了存储过程，为什么还需要存储函数呢？

存储过程和存储函数是两个不同的概念，存储过程主要用于执行一些事务型操作，如更新数据等。而存储函数则专注于计算任务，根据给定的参数返回一个值。存储函数具有以下特点。

(1) 可以减少客户端与服务器之间的通信次数，提高系统性能。

(2) 可以隐藏复杂的计算逻辑，简化开发人员的工作。

(3) 可以做到标准化处理，避免代码重复。

存储函数是 SQL 的扩展，提供了类似编程语言的语法结构(如条件分支、循环结构等)，可以轻松实现比 SQL 更复杂的计算任务。此外，使用存储函数还可以实现数据的加密解密、字符串截断、格式化日期等常用功能。

总之，在 MySQL 这样的关系数据库中，存储函数可以帮助开发人员更加高效地完成数据访问任务，提高应用程序的性能和可维护性。

2. 创建存储函数

存储函数与存储过程类似，都是存储在数据库中的一段 SQL 语句的集合。它们的区别在于存储过程没有直接返回值，主要用于执行操作，而存储函数通过 RETURN 语句返回数据。创建存储函数的基本语法格式如下所示。

```
CREATE FUNCTION function_name (parameters)
RETURNS data_type
BEGIN
```

```
    function_body;
END;
```

在上述语法格式中，function_name 表示存储函数名称；parameters 表示存储函数的参数列表，多个参数之间用逗号分隔，其形式和存储过程相同；RETURN data_type 表示存储函数返回值的数据类型；function_body 表示函数体，包含 SQL 语句和控制流语句，函数体中必须包含一个 RETURN value 语句，value 的数据类型要与定义的返回值类型一致。

3. 调用存储函数

在 MySQL 中，存储函数创建完毕后需要调用才能执行。存储函数的调用与内置函数的调用方式类似，其基本语法格式如下所示。

```
SELECT function_name(arguments);
```

在上述语法格式中，function_name 是调用的存储函数的名称；arguments 是传递给该函数的实参列表，实参列表中的值必须与定义存储函数时设置的形参类型一致。

4. 删除存储函数

在 MySQL 中，当存储函数不再使用时，可以使用 DROP FUNCTION 语句将其删除。删除存储函数的语法格式如下所示。

```
DROP FUNCTION [IF EXISTS] function_name;
```

在上述语法格式中，IF EXISTS 是可选的，用于防止删除不存在的存储函数而引发错误。

任务实施

1. 创建查询学生姓名的函数

为了让大家更好地理解存储函数，下面通过一个案例来讲解存储函数的创建。

在学生管理系统中，经常需要根据学号查询对应学员的姓名，现将此需求编写成存储函数返回学员姓名，以提高数据处理的效率。

在 MySQL 中直接创建存储函数会出现如下错误信息。

```
1418 - This function has none of DETERMINISTIC, NO SQL, or READS SQL DATA in its declaration and binary logging is enabled (you *might* want to use the less safe log_bin_trust_function_creators variable)
```

出现错误的原因是 MySQL 的默认设置是不允许创建函数的。若要解决此问题，则可以更改全局配置，具体的 SQL 语句如下所示。

```
SET GLOBAL log_bin_trust_function_creators = 1;
```

完成更改后，再创建存储函数，具体的 SQL 语句如下所示。

```
DELIMITER //
CREATE FUNCTION fun_stuinfo(tempId INT)
RETURNS VARCHAR(20)
BEGIN
RETURN (SELECT name FROM stuinfo WHERE stuId=tempId);
END//
DELIMITER;
```

在上述语法格式中，fun_stuinfo 是定义的函数名；tempId 是函数的形式参数，形式参数的数据类型是 INT；RETURNS 用于指定返回值的类型；函数体中使用 SELECT 语句根据学号查询对应的学员姓名，并通过 RETURN 返回查询结果。

2. 调用函数查询学生姓名

下面通过案例来讲解存储函数的调用。例如，调用存储函数 fun_stuinfo，具体的 SQL 语句如下所示。

```
SELECT fun_stuinfo(202302);
```

上述语句在调用 fun_stuinfo 函数时传递了参数 202302，函数执行后返回了数据表中学号为 202302 对应的学员姓名，执行结果如图 3-5 所示。

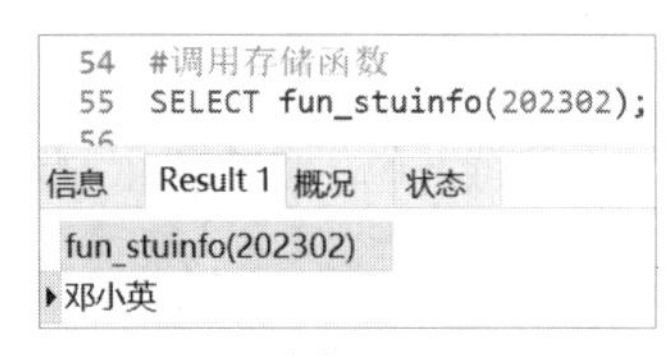

图 3-5

3. 删除查询学生姓名的函数

下面通过案例来讲解存储函数的删除。例如，删除前面创建的名称为 fun_stuinfo 的存储函数，具体的 SQL 语句如下所示。

```
DROP FUNCTION IF EXISTS fun_stuinfo;
```

再使用 CALL 调用该存储函数，执行结果如图 3-6 所示。

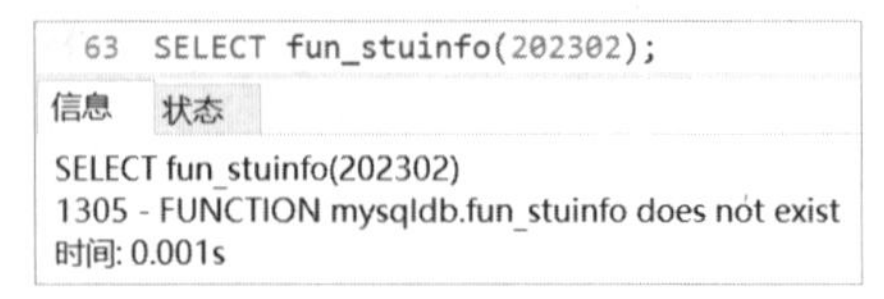

图 3-6

从执行结果可以看出，没有查询出任何记录，提示该存储函数不存在，证明成功地删除了 fun_stuinfo 存储函数。

任务三　了解存储过程和存储函数的区别

任务描述

在 MySQL 数据库中，存储过程和存储函数是编程中的两个概念，都是可重复使用的 SQL 代码块，但在功能与使用方式上有一些区别。存储函数的限制比较多，如不能用临时表，只能用表变量等。而存储过程的限制就相对比较少，要实现的功能比较复杂。接下来通过对以下知识进行学习了解两者的主要区别。

知识学习

存储函数与存储过程的主要区别如下。

1. 适用场景不同

存储函数是一种存储在 MySQL 数据库中的程序，用于执行特定任务，计算并返回一个单独的值。存储函数通常用于完成以下简单的计算或查询任务。

(1) 计算数学表达式：可以使用存储函数计算两个数的和、差、积或商等。

(2) 字符串操作：存储函数可以提取字符串中的子串、将字符串转换为大写或小写，以及计算字符串长度等。

(3) 日期和时间处理：编写存储函数可以获取当前日期或时间戳，甚至执行复杂的日期和时间运算。

(4) 聚合和分析：存储函数还可以用于对数据进行聚合和分析，如计算数据的平均值、总和或标准偏差。

创建存储函数通常需要指定输入参数和返回值类型。每当调用该函数时，它都会接收这些参数，并根据特定的逻辑来计算并返回结果。在调用存储函数时，可以像调用简单的 SQL 语句一样使用 SELECT 语句调用并传递必要的参数。

存储过程是一组在 MySQL 数据库服务器上预先编译并存储的 SQL 语句。存储过程可以一次性执行多个查询和命令，从而减轻了应用程序的负担。以下是 MySQL 存储过程的适用场景。

(1) 业务逻辑比较复杂时：当应用程序的业务逻辑较为复杂时，MySQL 存储过程可以将其封装起来，降低应用程序的复杂度，并提高代码的可维护性。

(2) 执行批处理操作时：如果需要对多条 SQL 命令进行批处理操作(如数据的导入/导出、备份/恢复等)，则可使用 MySQL 存储过程，以便将多个 SQL 命令封装成一个单元，提高执行效率和安全性。

(3) 进行安全控制时：存储过程具有从外部屏蔽 SQL 细节的作用，可以达到封装的效果，输入、输出参数均可通过赋予存储过程不同的权限对不同用户进行访问控制。

(4) 其他：存储过程可以被其他应用程序或存储过程调用，在不同的场景下发挥不同的作用，并能有效提高数据库操作效率和数据安全性。

2. 返回值不同

存储函数必须返回一个值，该值通过 RETURN 语句直接返回。在存储函数内还可以使用 SELECT 语句查询结果集，但所有结果都将被忽略。

存储过程则无须返回任何内容，可以根据需要产生输出。如果需要返回结果，则可以使用 OUT 或 INOUT 参数，或者使用 SELECT 语句将结果集存储在临时表中。

3. 调用方式不同

在调用存储函数时，只需要提供函数名和参数列表即可。需要注意的是，必须使用正确的参数类型和顺序。

在调用存储过程时，可以使用 CALL 语句，并传递必要的参数。需要注意的是，要按照存储过程定义的参数顺序传递参数。如果存储过程不需要参数，则可以省略参数部分。

4. 处理事务和异常不同

存储过程支持事务，这意味着在执行存储过程期间发生错误时，可以将整个过程回滚到最初的状态。此外，存储过程还可以使用流程控制语句进行异常处理。

存储函数无法支持事务，因为它不能更改数据库状态。如果在函数中发生错误，该函数将退出，但不会影响数据库的状态。

总而言之，存储过程用于执行复杂的操作，通常需要一系列 SQL 语句和流程控制语句来完成。而存储函数主要用于计算并返回单个值。

思政讲堂

养成良好的职业素养

一个人具备的能力和专业知识固然重要，但是，若要在职场中取得成功，最关键的并不在于他所具备的能力与专业知识，而在于他所具备的职业素养。很多企业之所以招不到满意人选，是因为找不到具备良好职业素养的毕业生。可见，企业已经把职业素养作为对员工进行评价的重要指标。职业素养是一个人的内在修养，它决定了一个人的人生高度，是一个人职业生涯成败的关键因素，包括个人的学习能力、人际交往能力、团队协作能力、专业知识运用能力等。职业素养可以通过个体在工作中的行为来表现，而这些行为以个体的知识、技能、价值观、态度、意志等为基础。因此，职业素养影响着一个人的职场生涯，甚至是以后的生活，它对于每个人来说都是非常重要的。

良好的职业素养是个人事业成功的基础，是大学生加入企业的“金钥匙”。如果一个人连这些基本的素质、素养都没有，那么他在企业中又能够有什么作为呢？所以说，无论是专业素养、职业素养、协作能力、心理素质，还是身体素质都是通往职业生涯必不可少的“敲门砖”。

那么大学生该如何提高自身的职业素养呢？

第一，必须树立自身的职业理想。在大学期间，每个人都应该明确自己将来要做什么。着重解决一个问题——认识自己的个性特征，包括自己的气质、性格、能力，以及自己的个性倾向，如兴趣、动机、需求、价值观等。据此确定一个符合自己的职业理想。目前，部分大学生标榜“潇洒人生，梦幻人生”，职业理想变得模糊和扭曲，这是不对的。我们必须用现代化的科学理论来指导就业、择业、创业，使我们的人生观、世界观、职业观统一起来，让正确的职业理想成为我们成人、成才、成业路上的不竭动力。

第二，必须了解自己的职业个性，借此寻找与我们个性相一致的职业。例如，明确自己喜欢什么样的同事、喜欢怎样的活动、对什么话题感兴趣，这些问题都会与我们未来的工作状态有必然的联系。如果我们了解了这一点，在选择自己的就业方向时，就会多一层理性的思考，择业的针对性就会更强一些。个性偏内向的学生要知道自己的个性如何更好地发挥优势；个性外向的学生要知道自己在做研究工作时的最大挑战是什么；作为管理干部要善于沟通，从多角度思考问题，关心下属。可以说，从事每一种职业都需要具备一定的职业性格，好的职业性格有助于个体在相应职业中更好地完成工作。

第三，有意识地培养职业道德、职业态度、职业作风等隐性素养。大学生应该有意识地在学习和生活中主动培养独立性；学会分享、感恩；勇于承担责任，不要把错误和责任都归咎于他人，在加强思想、情操、意志、体魄等方面进行自我锻炼。同时，还要培养良好的心理素质，增强面对压力和挫折的能力，善于从逆境中寻找转机。

第四，配合学校的培养计划，完成知识、技能等显性职业素养的培养。我们应该积极配合学校的培养计划，认真完成学习任务，最大程度地利用学校的教育资源，努力学习，提高自身的职业技能。职业技能是我们进入职业领域的资本。

当今时代，经济全球化进程日益加快，科学技术发展异常迅猛，知识经济浪潮汹涌，给大学生的就业带来了机遇，也提出了挑战。作为当代大学生，要勇于正视机遇和挑战，正确认识并准确把握就业形势，了解职业发展趋势，为选择并迈向正确的职业发展道路奠定牢固的基础。职业素养在工作、生活等各方面都有着十分重要的作用，它是一个人取得成功的关键因素。因此，在以后的工作、学习、生活中应努力提高自己的职业素养，变得更加优秀。

单元小结

- 存储过程允许将一组 SQL 语句定义为一个单独的块并存储在数据库中。
- 存储过程可以接收输入参数、返回输出结果。它使用 IN 参数传递值，使用 OUT 参数返回值，使用 IN OUT 参数同时传递和返回值。
- 存储函数是一段可重用的代码块，它只接收输入参数并产生输出结果。
- 在存储函数中，可以使用 SELECT 语句返回值。若存储函数指定了返回类型，则该类型应与 SELECT 语句中指定的数据类型相匹配，以确保语义的正确性。

单元自测

一、选择题

1. 下列关于存储过程和函数的说法中，错误的是(　　)。

   A. 存储过程可以返回多个结果集

   B. 函数必须返回单一结果

   C. 存储过程和函数都可以用来封装 SQL 语句

   D. 存储过程可以调用函数，但是函数不能调用存储过程

2. 当定义存储过程的输出参数时，要在参数后使用(　　)关键字。

A. IN　　B. FAULT

C. OUTPUT　　D. INPUT

3. 下列选项中，不属于存储过程和函数的优点的是(　　)。

A. 降低了数据传输量

B. 减少了查询的执行时间

C. 减少了客户端/服务器通信次数

D. 可以使用程序控制结构，如条件语句、循环等

4. 下列选项中，(　　)是创建存储函数的语法。

A. CREATE VIEW　　B. CREATE FUNCTION

C. CREATE TABLE　　D. CREATE PROCEDURE

5. 以下关于存储过程的描述中，正确的是(　　)。

A. 存储过程中可以使用控制结构

B. 存储过程不可以调用其他存储过程

C. 存储过程无须调用就可以直接使用

D. 以上说法都有误

二、问答题

1. 描述存储过程的优点。

2. 描述存储函数的特点。

3. 描述存储过程和存储函数的区别。

三、上机题

现有员工表 emp(见表 2-2)和部门表 dept(见表 2-3)

根据表结构创建表并添加测试数据，使用存储过程和存储函数完成如下需求。

(1) 创建一个存储过程 pro_emp1，用来显示员工编号、姓名、性别、入职时间、电话及薪水，并调用该存储过程显示执行结果。

(2) 创建一个存储过程 pro_emp2，用来显示员工编号、姓名、性别、入职时间、电话、薪水及所在部门名称，并调用该存储过程显示执行结果。

(3) 创建一个存储过程 pro_emp3，输入部门编号，显示该部门下的所有员工信息，并调用该存储过程显示执行结果。

(4) 创建一个存储函数 fun_dept1，用来统计部门表的记录数，并调用该存储函数显示执行结果。

(5) 创建一个存储函数 fun_emp1，根据输入的部门编号，统计员工表中该部门的员工数，并调用该存储函数显示执行结果。

(6) 创建一个存储函数 fun_emp2，根据输入的员工编号，显示该员工的薪水，并调用该存储函数显示执行结果。

(7) 删除存储过程 pro_emp1 和存储函数 fun_dept1。

使用数据库编程操作数据

课程目标

技能目标

❖ 掌握变量的使用

❖ 了解流程控制语句

❖ 掌握自定义错误名称或错误处理程序的方法

素质目标

❖ 培养民族自豪感

❖ 造福国家和人类

❖ 追求高效绿色发展

简介

MySQL 数据库编程主要是指在 MySQL 数据库中进行数据操作的相关编程任务，包括 SQL、存储过程、触发器、函数的使用，以及 MySQL API 的使用等。本单元主要介绍数据库编程的基础，包括变量的定义及使用、流程控制语句、异常处理等相关内容。在 MySQL 中，使用变量可以有效地减少代码重复，提高代码的可读性。这与人们在生活中始终注重节约资源的观点不谋而合。我们应该从节约的角度来看待使用变量和管理数据库信息的行为。MySQL 的流程控制在实际开发中发挥着重要作用，可以实现保障数据安全、保护隐私和提高工作效率等多方面的目标。

数据库编程在实现公共数据的管理和共享方面发挥着至关重要的作用，特别是在构建医疗信息管理系统、社会福利数据库等关键社会服务系统时，这些系统不仅提高了社会服务的效率和公正性，还确保了数据的安全性、准确性和可访问性。

任务一 使用变量保存数据

任务描述

变量在 MySQL 中起到了非常重要的作用，可以保存数据、控制服务器行为和性能等。对于开发人员来说，灵活使用 MySQL 变量可以提高应用程序的效率和性能。MySQL 中的变量可以分为三种，即用户变量、系统变量和局部变量。本节任务是使用变量保存数据。

知识学习

1. 用户变量

用户变量，顾名思义就是用户自己定义的变量。使用用户变量的前提条件是保持当前客户端的连接。也就是说，一旦客户端断开连接，该变量就无法再被使用。用户变量可以存储任何合法的 MySQL 数据类型的值，包括整型、浮点型、字符型、日期时间型等。在 MySQL 中，使用用户变量不用提前声明，直接以“@变量名”的形式使用即可。

如何定义变量呢？有以下两种方式。

(1) 第一种方式是使用 SET 语句定义，语法格式如下所示。

```
SET @var_name=expr[,@var_name=expr]...;
SET @var_name:=expr[,@var_name:=expr]...;
```

示例如下所示。

```
# 定义变量 id，并赋值 1001
SET @id=1001;
# 同时定义多个变量并赋值
SET @x=1,@y=3,@z=10;
# 定义变量使用:=赋值
SET @age:=18;
```

(2) 第二种方式是使用 SELECT 语句定义，语法格式如下所示。

```
SELECT @var_name:=expr[,@var_name:=expr]...;
SELECT 字段名 INTO @var_name FROM 表名;
```

示例如下所示。

```
# 定义变量 name，并给 name 赋值“张三”
SELECT @name:='张三';
# 定义多个变量并赋值
SELECT @name:='张三',@sex:='男',@tel:='13567890001';
# 下面情况一般用在查询表的字段并赋值给变量
SELECT email INTO @my_email FROM students;
```

在 MySQL 中，给变量赋值的方式有两种，分别是使用 SET 语句和 SELECT 语句。

(1) 使用 SET 语句。使用 SET 语句可以将一个常量或表达式的值直接赋给一个变量，示例如下所示。

```
SET @a = 'hello world';
```

SET 语句是一条独立的语句，在执行时会立即对变量进行赋值操作。SET 语句还可以用来设置 MySQL 服务器的系统变量，如设置 max_connections 的值。

(2) 使用 SELECT 语句。除了查询数据以外，SELECT 语句还可以将查询结果赋给一个变量，示例如下所示。

```
SELECT @b :='hello world';
```

SELECT 语句可以通过:=运算符将查询出的数据赋值给变量。需要注意的是，:=运算符不同于=运算符。在 SELECT 语句中，=用于判断两个值是否相等，而:=用于将查询结果赋值给变量。

SET 语句可以直接赋值，更直观、简洁。而 SELECT 语句适用于需要将查询结果与其他变量进行计算的场景。在性能上，由于 SELECT 语句需要执行查询操作，可能会比 SET 语句慢一些。

上文中讲解了变量定义及赋值的方法，那么如何输出变量的值呢？在 MySQL 中使用 SELECT 输出变量的值，其语法格式如下所示。

```
SELECT @var_name;
```

示例如下所示。

```
# 定义变量 name，并给 name 赋值“张三”
SET @name='张三';
# 输出变量 name 的值
SELECT @name;
```

输出结果如图 4-1 所示。

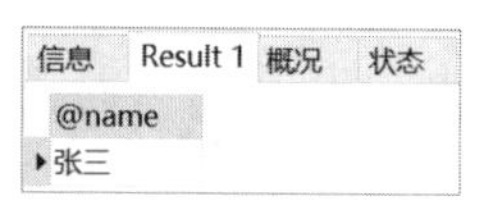

图 4-1

输出多个变量的值，示例如下所示。

```
# 定义多个变量并赋值
SELECT @name:='张三',@sex:='男',@tel:='13567890001';
# 输出多个变量的值
SELECT @name,@sex,@tel;
```

输出结果如图 4-2 所示。

图 4-2

在使用用户变量时，无须对其进行声明或初始化，当使用未赋值或未声明的用户变量时，得到的值为 NULL，如图 4-3 所示。

图 4-3

2. 系统变量

MySQL 中的系统变量分为全局变量和会话变量两种类型。其中，全局变量是在 MySQL 服务器启动时就确定的，对整个 MySQL 服务器实例生效；而会话变量是在客户端连接 MySQL 服务器时设置的，只对当前会话生效。

全局变量是 MySQL 服务器启动时就已经加载的变量，全局变量的值可以通过修改配置文件来设置，或者通过 SET 语句在运行时修改。全局变量作用于整个 MySQL 服务器实例，对所有连接都是有效的。查看所有全局变量可以使用以下命令。

```
SHOW GLOBAL variables;
```

常见的全局变量如下。

- max_connections：允许的最大客户端连接数。
- innodb_buffer_pool_size：InnoDB 存储引擎使用的缓冲池大小。
- log_error：错误日志的文件路径，默认值为主机名.err。

会话变量是指每个客户端连接到 MySQL 服务器时可以使用的变量。每个连接都有自己独立的会话变量，不同连接之间的变量是互相隔离的。会话变量可以使用 SET 命令来设置，也可以使用@@符号来引用。会话变量的作用范围只在当前连接中，当连接关闭时，会话变量就会被销毁。查看所有会话变量可以使用以下命令。

```
SHOW SESSION variables;
```

常见的会话变量如下。

- auto_increment_increment：自增列的步长值。
- character_set_client：客户端字符集。
- thread_cache_size：线程缓存的大小。

查看系统变量的语法格式如下所示。

```
SELECT @@var_name;
```

语法说明如下。

- SELECT：关键字，用于查询数据。
- @@var_name：系统变量名，以@@开头。var_name 是具体的系统变量名称，用于指定要获取的系统变量的值。

通过执行 SELECT @@var_name 语句，可以获取指定系统变量的当前值。例如，如果要获取数据库服务器的版本号，则可以执行“SELECT @@version;”语句。

需要注意的是，不同的数据库管理系统可能支持不同的系统变量，并且系统变量的名称和可用性可能有所不同。因此，在具体使用时，需要查阅相关数据库管理系统的文档或参考资料，以确定要获取的系统变量的名称和含义。

3. 局部变量

MySQL 中的局部变量是指在存储过程或存储函数中定义的变量，其作用域仅限于该存储过程或存储函数内部，只能在该存储过程或存储函数中使用。

在存储过程或存储函数中，一般在语句块 BEGIN 与 END 之间使用 DECLARE 语句来定义局部变量，其基本语法格式如下所示。

```
DECLARE var_name1[,var_name2]… datatype [DEFAULT value];
```

在上述语法格式中，var_name1 为变量名，如果同时定义多个变量，则变量名之间使用逗号隔开；datatype 为数据类型，如果有多个变量，那么它们只能是同一种数据类型；DEFAULT 用于设置默认值(可选)，省略时变量的默认值为 NULL。

任务实施

1. 使用用户变量保存数据

假设有一张学生成绩表 stuscore，包含成绩编号(scoreId)、学号(stuId)、科目(subuject)、成绩(score)四个字段。现在请计算每名学生的总成绩，并将结果保存到用户变量中。

首先，可以使用 SELECT 语句查询出每名学生的总成绩，具体的 SQL 语句如下所示。

```
SELECT stuId 学号,SUM(score) 总成绩 FROM stuscore GROUP BY stuId;
```

执行结果如图 4-4 所示。

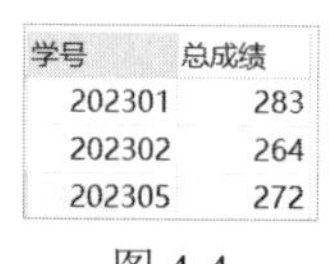

学号	总成绩
202301	283
202302	264
202305	272

图 4-4

然后，将每名学生的总成绩赋值给用户变量，并使用 SELECT 语句读取该变量的值，具体的 SQL 语句如下所示。

```
SET @total_score1=283;
SET @total_score2=264;
SET @total_score3=272;
SELECT @total_score1 总成绩 1,@total_score2 总成绩 2,@total_score3 总成绩 3;
```

执行结果如图 4-5 所示。

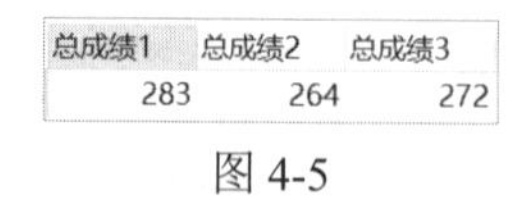

总成绩1	总成绩2	总成绩3
283	264	272

图 4-5

此处分别创建了三个用户变量@total_score1、@total_score2 和@total_score3，并将其赋值为对应学生的总成绩。

最后，使用 SELECT 语句读取这些变量的值，并输出到结果集中。

通过此案例，可以了解 MySQL 用户变量的用法和用途。用户变量可以在 SQL 语句中存储临时数据，方便后续计算和操作。

2. 获取系统变量当前值

查看系统变量的示例如下所示。

```
SELECT @@max_connections;
SELECT @@auto_increment_increment;
SELECT @@character_set_client;
SELECT @@thread_cache_size;
```

通常情况下，不需要修改系统变量，只需要根据实际需求调整几个关键的变量即可。需要注意的是，修改某些系统变量可能会影响 MySQL 服务器的性能和稳定性，因此需要慎重操作。

3. 使用局部变量保存数据

局部变量只能在存储过程或存储函数中使用。下面通过案例来讲解局部变量的使用。例如，在存储函数中定义局部变量并返回该局部变量的值，具体的 SQL 语句如下所示。

```
DELIMITER //
CREATE FUNCTION fun_var1()
RETURNS INT
BEGIN
DECLARE i INT DEFAULT 0;
RETURN i;
END//
DELIMITER ;
```

在上述语句中，在函数体中定义了局部变量 i 并设置默认值为 0，返回局部变量 i。

调用存储函数，具体的 SQL 语句及执行结果如图 4-6 所示。

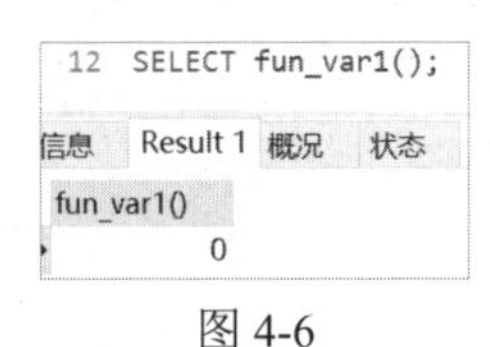

图 4-6

任务二 使用判断语句判断学生成绩

任务描述

程序在执行时，会按照程序结构对执行流程进行控制。与程序执行流程一样，MySQL

执行流程由流程控制语句进行控制。MySQL 中的流程控制语句大体可分为判断语句和循环语句。判断语句是根据条件进行判断，从而决定执行哪些 SQL 语句。MySQL 中常用的判断语句有 IF 语句和 CASE 语句两种。本节任务是使用判断语句输出学生成绩。

知识学习

1. IF 语句

IF 语句是 MySQL 中比较常用的条件判断语句之一，用于判断一个给定的条件是否为真，如果为真则执行一组操作，否则执行另一组操作。IF 语句可以对条件进行判断，根据条件的真假来执行不同的 SQL 语句，其基本语法格式如下所示。

```
IF 条件表达式 1 THEN
    语句列表 1;
[ELSEIF 条件表达式 2 THEN
    语句列表 2;]…
[ELSE
    语句列表 3;]
END IF;
```

在上述语法格式中，当条件表达式 1 结果为真时，则执行 THEN 后的语句列表 1；当条件表达式 1 结果为假时，继续判断条件表达式 2；如果条件表达式 2 结果为真，则执行对应的 THEN 后的语句列表 2；以此类推。如果所有的条件表达式结果都为假，则执行 ELSE 后的语句列表 3。

2. CASE 语句

CASE 语句允许根据条件来执行不同的操作，它可以实现比 IF 语句更复杂的条件判断。CASE 语句有两种语法格式。

```
# 语法一
CASE 表达式
    WHEN 值 1 THEN 语句列表 1
    [WHEN 值 2 THEN 语句列表 2 ...]
    [ELSE 语句列表 3]
END CASE;
```

在上述语法格式中，CASE 语句中可以有多个 WHEN 子句，CASE 后的表达式结果决定哪一个 WHEN 子句会被执行。当某个 WHEN 子句后的值与表达式结果相同时，执行对应的 THEN 后的语句列表；如果所有 WHEN 子句后的值与表达式结果都不同，则执行 ELSE 后的语句列表。END CASE 表示 CASE 语句结束。

```
# 语法二
CASE
    WHEN 表达式 1 THEN 语句列表 1
    [WHEN 表达式 2 THEN 语句列表 2 ...]
    [ELSE 语句列表 3]
END CASE;
```

在上述语法格式中，当 WHEN 子句后的表达式结果为真时，执行对应的 THEN 后的语句列表；当所有 WHEN 子句后的表达式都为假时，则执行 ELSE 后的语句列表。

任务实施

1. 使用 IF 语句判断学生成绩

下面通过一个案例来讲解 IF 语句的使用。学生管理系统经常需要根据学员学号和科目查询对应的成绩。如果成绩大于或等于 90，则显示“优秀”；如果成绩大于或等于 80，则显示“良好”；其他成绩则显示“继续加油”。具体的 SQL 语句如下所示。

```
DELIMITER //
CREATE PROCEDURE pro_score1(IN temp_stuId INT,IN temp_subject VARCHAR(20),
                            OUT temp_score INT)
BEGIN
SELECT score INTO temp_score FROM stuscore WHERE stuId=temp_stuId AND subject=temp_subject;
IF temp_score>=90 THEN SELECT '优秀';
ELSEIF temp_score>=80 THEN SELECT '良好';
ELSE SELECT '继续加油';
END IF;
END//
DELIMITER ;
```

在上述语句中，创建了一个带输入和输出参数的存储过程，IF 语句根据输出参数的值进行判断，显示相应的内容。然后使用 CALL 调用存储过程，其 SQL 语句及执行结果如图 4-7 所示。

```
14  # 调用过程
15  CALL pro_score1(202302,'HTML网页设计',@score);
16
信息  Result 1  概况  状态
良好
良好
```

图 4-7

根据输入参数(学号和科目)查询出成绩为 89，放在输出参数中进行条件判断，显示结果为“良好”。

2. 使用 CASE 语句判断学生成绩

接下来，使用上述案例讲解 CASE 语句的使用。根据需求，可以划分为多个表达式，这里使用 CASE 语法二来实现，具体的 SQL 语句如下所示。

```
DELIMITER //
CREATE FUNCTION fun_score1(temp_stuId INT,temp_subject VARCHAR(20))
RETURNS VARCHAR(20)
BEGIN
DECLARE temp_score INT;
SELECT score INTO temp_score FROM stuscore WHERE stuId=temp_stuId AND subject=temp_subject;
CASE
WHEN temp_score>=90 THEN RETURN '优秀';
WHEN temp_score>=80 THEN RETURN '良好';
ELSE RETURN '继续加油';
END CASE;
END//
DELIMITER ;
```

在上述语句中，创建了存储函数 fun_score1，使用 CASE 语句判断 temp_score 变量的值，显示相应的结果。然后使用 SELECT 调用函数，其 SQL 语句及执行结果如图 4-8 所示。

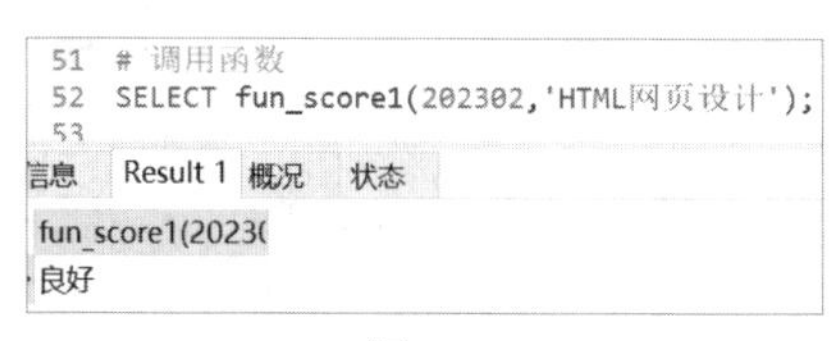

图 4-8

任务三 使用循环语句输出累加和

任务描述

循环语句可以在符合条件的情况下重复执行一段代码。MySQL 中提供的循环语句有 LOOP、REPEAT 和 WHILE 三种。本节任务是使用这三种语句输出累加和。

知识学习

1. LOOP 语句

在 MySQL 中，LOOP 语句用来完成简单的循环，其基本语法格式如下所示。

```
[标签:] LOOP
    语句列表
END LOOP [标签];
```

在上述语法格式中，标签是可选参数，用来标志循环开始和结束，标签的定义要符合

MySQL 标识符的定义规则，两个位置的标签名必须相同。LOOP 会重复执行语句列表，为了避免出现死循环，在循环结束时要给出循环结束的条件。LOOP 语句本身没有停止语句，如果要退出 LOOP 循环，则可以使用 LEAVE 语句退出当前循环。

2. REPEAT 语句

REPEAT 语句是 MySQL 中的一个循环控制语句，用于在指定条件下重复执行一系列语句，直到达到指定的退出条件为止，其基本语法格式如下所示。

```
[标签:] REPEAT
    语句列表
    UNTIL 表达式
END REPEAT [标签];
```

在上述语法格式中，首先会无条件地执行一次 REPEAT 中的语句列表，然后判断 UNTIL 后的表达式结果，如果为 TRUE，则结束循环，否则继续执行语句列表。

3. WHILE 语句

WHILE 语句用于循环执行符合条件的语句列表，但与 REPEAT 语句不同的是，WHILE 语句先判断表达式，再根据判断结果来确定是否执行循环内的语句列表。WHILE 语句的基本语法格式如下所示。

```
[标签:] WHILE 表达式 DO
语句列表
END WHILE[标签];
```

在上述语法格式中，只有表达式结果为真时，才会执行 DO 后面的语句列表。语句列表执行完后，再次判断条件表达式的结果。如果结果为真，则继续执行语句列表；如果结果为假，则退出循环。

任务实施

1. 使用 LOOP 语句输出 1～100 累加和

现要计算 1～100 的累加和，使用 LOOP 语句来实现，具体的 SQL 语句如下所示。

```
DELIMITER //
CREATE PROCEDURE pro_sum_loop()
BEGIN
DECLARE sum INT DEFAULT 0;
DECLARE i INT DEFAULT 1;
label_loop:LOOP
    SET sum = sum + i;
```

```
        SET i = i + 1;
        IF i > 100 THEN
            LEAVE label_loop;
        END IF;
    END LOOP label_loop;
    SELECT sum AS '总和';
    END//
    DELIMITER ;
```

在上述语句中，创建了存储过程 pro_sum_loop。在存储过程中定义了局部变量 sum 和 i，并设置默认值分别为 0 和 1。在 LOOP 循环中将 i 的值累加到 sum 变量中，并对 i 进行自增 1，然后判断 i 的值是否大于 100，如果大于 100，则结束循环，最后输出 sum 的值。使用 CALL 调用存储过程，其 SQL 语句及执行结果如图 4-9 所示。

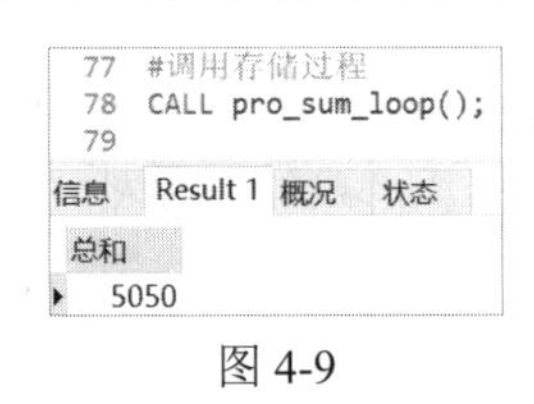

图 4-9

从执行结果可以看出，LOOP 循环结束后，得知 1～100 的累加和是 5050。

2. 使用 REPEAT 语句输出 1～100 偶数和

现要计算 1～100 的偶数和，使用 REPEAT 语句来实现，具体的 SQL 语句如下所示。

```
DELIMITER //
CREATE PROCEDURE pro_sum_repeat()
BEGIN
DECLARE sum INT DEFAULT 0;
DECLARE i INT DEFAULT 1;
REPEAT
    IF i%2=0 THEN
      SET sum = sum + i;
    END IF;
  SET i = i + 1;
  UNTIL i > 100
END REPEAT;
SELECT sum AS '偶数和';
END//
DELIMITER ;
```

在上述语句中，创建了存储过程 pro_sum_repeat。在存储过程中定义了局部变量 sum 和 i，并设置默认值分别为 0 和 1。在 REPEAT 循环中判断 i 的值是否为偶数，如果为偶数，则将 i 的值累加到 sum 变量中，结束判断后对 i 进行自增 1。语句列表执行完后，在 UNTIL 中判断 i 的值是否大于 100，如果大于 100，则结束循环，最后输出 sum 的值，否则继续执行语句列表。使用 CALL 调用存储过程，其 SQL 语句及执行结果如图 4-10 所示。

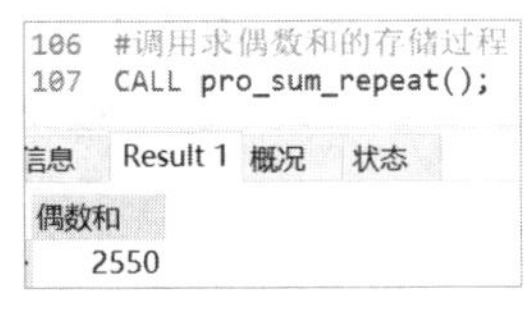

图 4-10

从执行结果可以看出，REPEAT 循环结束后，得知 1～100 的偶数和是 2550。

3. 使用 WHILE 语句输出 1～100 奇数和

现要计算 1～100 的奇数和，使用 WHILE 语句来实现，具体的 SQL 语句如下所示。

```
DELIMITER //
CREATE PROCEDURE pro_sum_while()
BEGIN
DECLARE sum INT DEFAULT 0;
DECLARE i INT DEFAULT 1;
WHILE i <= 100 DO
   IF i%2! = 0 THEN
     SET sum = sum + i;
   END IF;
 SET i = i + 1;
END WHILE;
SELECT sum AS '基数和';
END//
DELIMITER ;
```

在上述语句中，创建了存储过程 pro_sum_while。在存储过程中定义了局部变量 sum 和 i，并设置默认值分别为 0 和 1。首先在 WHILE 循环中判断 i 的值是否小于或等于 100，如果是，则执行 DO 后面的语句列表。然后在语句列表中判断 i 是否为基数，如果是基数，则将 i 的值累加到 sum 变量中，结束判断后对 i 进行自增 1。接着再次对 WIILE 后的条件语句进行判断，当 i 的值大于 100 时结束循环。使用 CALL 调用存储过程，其 SQL 语句及执行结果如图 4-11 所示。

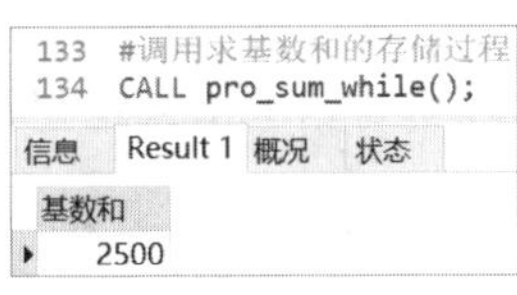

图 4-11

从执行结果可以看出，WHILE 循环结束后，得知 1～100 的奇数和是 2500。

任务四 使用自定义错误处理机制

任务描述

在向数据库中的表插入数据时，由于不满足字段约束条件导致程序出错是比较常见的情况。例如，当表的 email 字段设置为非空约束时，如果插入数据时未给该字段赋值，会导致该字段为空，从而触发约束错误。此时，我们很容易联想到 Java 语言，当程序出现异常时，有对应的异常处理机制，如 throws、try-catch-finally 等。那 MySQL 中是如何处理的呢？

在存储过程中未定义条件和处理程序，且存储过程中执行的 SQL 语句报错时，MySQL 数据库会抛出错误，并退出当前 SQL 逻辑，不再向下继续执行。如果不希望因为错误而终止程序，则可以通过 MySQL 中的错误处理机制自定义错误名称和错误处理程序，使程序遇到警告或错误时也能继续执行，从而增强处理问题的能力。本节任务是使用自定义错误处理机制解决问题。

知识学习

1. 自定义错误名称

在 MySQL 中，自定义错误名称可以为错误代码提供易于理解和描述的别名。当应用程序(或脚本)执行期间遇到错误时，这些名称可以帮助程序员更好地了解问题所在，从而提出适当的修复措施。

在 MySQL 中可以使用 DECLARE 语句为错误声明一个名称，其基本语法格式如下所示。

```
DECLARE 错误名称 CONDITION FOR 错误类型;
```

在上述语法格式中，使用 DECLARE 声明错误名称；错误类型有两种可选值，分别为 mysql_error_code 和 SQLSTATE value。其中，mysql_error_code 是 MySQL 中数值类型的错误代码；value 是长度为 5 的字符串类型错误代码。

为了更好地理解两种错误代码，使用如下错误信息进行讲解。

```
ERROR 1062 (23000): Duplicate entry '3' for key ' department.PRIMARY'
```

上述错误信息是在插入重复主键时抛出的错误提示。其中，1062 是 mysql_error_code 类型的错误代码，23000 是 SQLSTATE 类型的错误代码。

2. 自定义错误处理程序

在 MySQL 中，用户还可以通过自定义错误处理程序来自定义发生错误时的行为。自定义的错误处理程序可捕获和处理 SQL 语句中的各种错误，包括存储过程和存储函数中的错误。在程序出现错误时，可以交由自定义的错误处理程序处理，避免直接中断程序的运行。自定义错误处理程序的基本语法格式如下所示。

```
DECLARE 错误处理方式 HANDLER FOR 错误类型[, 错误类型...] 处理语句
```

在上述语法格式中，错误处理方式有 CONTINUE 和 EXIT，表达式结果为真时，CONTINUE 表示遇到错误不进行处理，继续执行。EXIT 表示遇到错误后马上退出。处理语句表示在遇到定义的错误时，需要执行的一些存储过程或存储函数。错误类型有六种可选值，如下所示。

(1) SQLSTATE：匹配 SQLSTATE 错误代码。

(2) mysql_error_code：匹配 mysql_error_code 类型的错误代码。

(3) condition_name：匹配 DECLARE 定义的错误条件名称。

(4) SQLWARNING：匹配所有 01 开头的 SQLSTATE 错误代码。

(5) NOT FOUND：匹配所有 02 开头的 SQLSTATE 错误代码。

(6) SQLEXCEPTION：匹配所有没有被 SQLWARNING 或 NOT FOUND 捕获的 SQLSTATE 错误代码。

任务实施

1. 自定义主键重复错误名称

下面使用 DECLARE 语句为该错误信息声明一个名称，具体的 SQL 语句如下所示。

```
DELIMITER //
CREATE PROCEDURE pro_error()
BEGIN
DECLARE dup_entry CONDITION FOR 1062;
END//
DELIMITER ;
```

在上述语句中，DECLARE 语句将 mysql_error_code 类型的错误代码 1062 命名为 dup_entry，在处理错误的程序中可以使用该名称表示错误代码 1062。在该示例中，还可以为 SQLSTATE 类型的错误代码定义名称，具体的 SQL 语句如下所示。

```
DECLARE dup_entry CONDITION FOR SQLSTATE '23000';
```

2. 自定义主键重复错误处理程序

为了更好地理解自定义错误处理程序的用法，下面来看一个案例。院系表中设有主键，在存储过程中向院系表中插入多条数据，若插入的数据中有相同的主键值，则执行时会出

现错误，导致程序中断。此时，可以自定义错误处理程序来避免执行时中断，具体的 SQL 语句如下所示。

```
DELIMITER //
CREATE PROCEDURE pro_insert_dep()
BEGIN
DECLARE CONTINUE HANDLER FOR SQLSTATE '23000'
SET @num=110;
INSERT INTO department VALUES(3,'GPT 学院');
SET @num=120;
INSERT INTO department VALUES(3,'GPT 学院');
SET @num=130;
END//
DELIMITER ;
```

在上述语句中，SQLSTATE '23000'表示表中不能插入重复键的错误代码，当发生插入重复键错误时，程序会根据错误处理程序设置的 CONTINUE 处理方式继续向下执行。第 5 行、第 7 行和第 9 行语句会在上一行语句执行后分别对会话变量 num 赋值。第 6 行和第 8 行语句分别向院系表中插入内容相同的数据。

调用存储过程并查询当前会话变量 num 的值，其 SQL 语句及执行结果如图 4-12 所示。

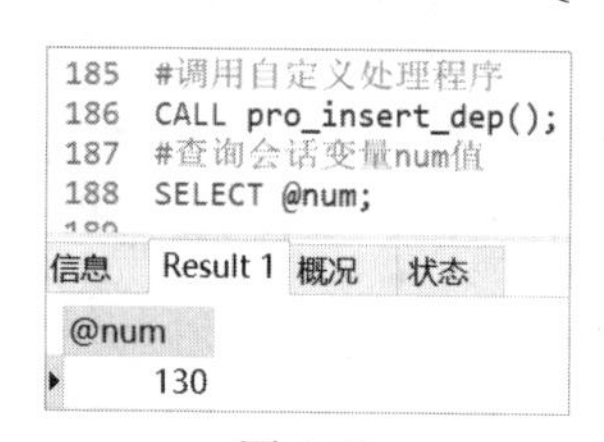

图 4-12

从执行结果可以看出，会话变量 num 的值是 130，说明向院系表中插入重复主键时没有中断程序的运行，而是跳过了错误，继续执行了变量的赋值语句。

需要说明的是，自定义错误处理程序可能会与 MySQL 的常规错误处理冲突。因此，在使用自定义错误处理程序之前，应确保原生错误处理程序已禁用或更改。

追求高效绿色中国

光阴似箭，日月如梭。时间的齿轮不停转动，弹指一挥间，沧桑巨变。今日中国已是一个高效中国、绿色中国。

中国古代有火药、指南针、造纸术和印刷术，中国现代也有飞机高铁等工业尖端技术及移动支付、共享单车和网络购物等信息技术。古代的技术影响世界至今，现代的尖端技术也体现了今日中国之精神风貌，便是高效、绿色。

今日之中国是高效中国。“朝辞白帝彩云间，千里江陵一日还。”千年前李白行舟江上，感叹“朝发白帝，暮到江陵”之迅捷。而今日的高铁已经可以带他实现在一日之内进行多次往返。高效便捷的高铁改变了人们的出行方式，缩短了城市之间的距离。与此同时，方便高效的移动支付也几乎遍布了全国各地的每一个角落，深入了中国人的生活。无论出行、吃饭，还是购物，只要用手机扫一扫，就能轻松完成支付。当你下班回家或是出门办事时，也不用担心交通高峰期，扫码一辆共享单车，就能轻松解决短程出行，高效便利。移动支付，让我们在支付高铁和共享单车的费用时更加轻松。高铁如树干，单车如树叶，而移动支付如同其中脉络，为大树带来无穷的活力。中国这棵大树，是迅速生长的、是高效的，也是绿意盎然的。

今日之中国是绿色中国。“绿水青山就是金山银山。”中国在高速发展的同时也不忘生态保护。近景看花海，远景看森林。中国力求打造高铁生态长廊，坐在高铁上旅行从现代气息浓厚的城市风光，到浅碧深红的自然风光，沿途风景三季有花、四季常绿。而移动支付引起的一系列绿色风暴也影响了整个中国。公共交通出行、线上无纸化缴纳各种费用等都会给予相应的“绿色能量”。“低碳种树”成为风潮，而在阿拉善中的“蚂蚁森林”已有超过4亿棵树，曾经的“死亡之海”如今也成了生命绿洲。生态环保的理念，成就了如今的绿色中国。

高铁快的不只是速度，还有今日中国之发展进程；移动支付方便的不只是民众，还有今日中国高效的理念；共享单车的骑行不只是为了前进，更有中国绿色发展的决心。

多少年的漫长征程，曾走过绿茵花溪，也踏过艰难险境。我们的祖国一路披荆斩棘，行歌万里。今日之中国以高效、绿色屹立于世，未来之中国也将以更好的姿态面向世界。

单元小结

- MySQL中的变量包含用户变量、系统变量和局部变量。
- 判断语句包含IF语句和CASE语句两种。
- 循环语句包含LOOP、REPEAT和WHILE语句三种。
- 可以通过自定义错误名称和自定义错误处理程序进行问题处理。

单元自测

一、选择题

1. 下列不属于 MySQL 变量的是(　　)。

A. 用户变量　　B. 系统变量

C. 声明变量　　D. 局部变量

2. 下列关于 MySQL 中的变量，说法错误的是(　　)。

A. 变量有名字、数据类型和取值范围三个属性

B. 变量中的数据可以随着程序的运行而变化

C. 变量的数据类型用于确定变量中存储数值的格式和可执行的运算

D. 变量的名字用于标识变量

3. 在 MySQL 的存储程序中，选择语句是(　　)。

A. WHILE　　B. IF

C. SWITCH　　D. SELECT

4. 下列选项中，不能在 MySQL 的存储程序中实现循环操作的是(　　)。

A. REPEAT　　B. WHILE

C. LOOP　　D. FOR

5. 下列选项中，(　　)语句可以捕获 MySQL 数据库中的错误。

A. TRY CATCH

B. BEGIN END

C. IF ELSE

D. DECLARE EXIT HANDLER FOR SQLEXCEPTION

二、问答题

1. 描述 MySQL 中的三种变量。

2. 描述判断语句中的 IF 语句和 CASE 语句的区别。

3. 描述循环语句中的 REPEAT 语句和 WHILE 语句的区别。

三、上机题

1. 根据员工表 emp(见表 2-2)完成以下要求。

(1) 根据输入的员工姓名返回对应的员工信息，如果输入为空，则显示输入的值为空；如果输入的员工姓名在表中不存在，则显示员工不存在。

(2) 根据输入的员工编号返回对应的员工工资等级，如果工资大于或等于 8000 元，则返回高工资；如果小于 8000 元并且大于或等于 5000 元，则返回中等工资；如果小于 5000 元并且大于或等于 3000 元则返回基本工资；其他金额则返回工资不合理。

2. 使用循环结构输出 1～20 中的所有偶数以及所有偶数的和。

3. 使用 WHILE 循环输出 2～100 中的所有素数。

4. 使用循环嵌套输出九九乘法表。

学习笔记

使用事务和游标处理数据

课程目标

技能目标

- ❖ 了解事务的属性
- ❖ 掌握事务的基本操作
- ❖ 认识事务的隔离级别
- ❖ 掌握游标的基本操作方法

素质目标

- ❖ 科技创新，敢为人先
- ❖ 艰苦奋斗，强我中华
- ❖ 建设科技强国

简介

在数据库的实际应用过程中，经常为了完成某一功能而编写一组 SQL 语句，若要确保这组 SQL 语句操作数据的完整性，即把它们当作一个整体来运行，在运行过程中这个整体要么全部运行成功，要么全部运行失败，则可以使用事务来实现。事务不仅可以保证数据的完整性和一致性，还可以保证并发操作的正确性和有效性，避免数据的异常和混乱。

有些应用程序，尤其是互动和在线等应用程序，需要一次处理结果集中的一行或连续的几行数据，游标就是提供这种处理方式的一种机制。MySQL 中的游标作为一种高效的处理大量数据集合的工具，可以为大数据处理、信息查询和数据维护等工作提供支持。

任务一 使用事务模拟银行转账

任务描述

事务在实际应用开发过程中起着非常重要的作用，它可以保证同一个事务中的操作具有同步性，从而使整个应用程序更安全。本节任务是使用事务模拟银行转账。

知识学习

1. 事务概述

事务(transaction)是数据库管理系统执行过程中的一个逻辑单位，它由一个或多个 SQL 语句组成，这些语句要么全部执行，要么全部不执行，是一个不可分割的工作单位。

MySQL 中的事务具有原子性(atomicity)、一致性(consistency)、隔离性(isolation)和持久性(durability)，即 ACID 属性。

(1) 原子性：原子性是指一个事务是不可分割的工作单位，它要么全部完成，要么全部不完成。如果在一个事务执行的过程中出现了错误，那么该事务会被回滚到之前的状态。也就是说，所有的修改会全部撤销，数据库的状态不会受到影响。

(2) 一致性：一致性是指在事务执行之前和之后，数据库的完整性约束不会被破坏。也就是说，事务执行的结果必须满足预期的约束条件，如唯一性约束、外键约束等。如果事务执行之后数据库不满足这些约束条件，那么该事务会被回滚。

(3) 隔离性：隔离性是指一个事务的执行不受其他事务的干扰。也就是说，如果一个事务正在执行，那么其他事务不能同时对同一部分数据进行修改。隔离性保证了未完成事务的所有操作与数据库系统的隔离，直到事务完成之后，才能看到事务的执行结果。为了保证隔离性，MySQL 中采用了锁机制和多版本并发控制(multi-version concurrency control，MVCC)机制。

(4) 持久性：持久性是指一旦事务提交，对数据库的修改就是永久性的，即使发生系统故障或重启，修改的数据也能够被永久保存。需要注意的是，事务的永久性不能做到百分之百的持久，如果一些外部原因导致数据库发生故障(如硬盘损坏)，那么所有提交的数据可能都会丢失。

综上所述，ACID 属性是 MySQL 中保证数据一致性和可靠性的重要特性，事务特别适用于需要对数据进行高度保证和保护的业务场景。

在 MySQL 数据库中，事务是非常重要的数据库操作概念，被广泛应用于以下几个方面。

(1) 转账操作：转账涉及两个账户的扣款和增款操作，如果只执行一部分操作，就会导致数据的不一致，因此需要将两个操作放在一个事务中执行，保证事务的原子性，如图 5-1 所示。

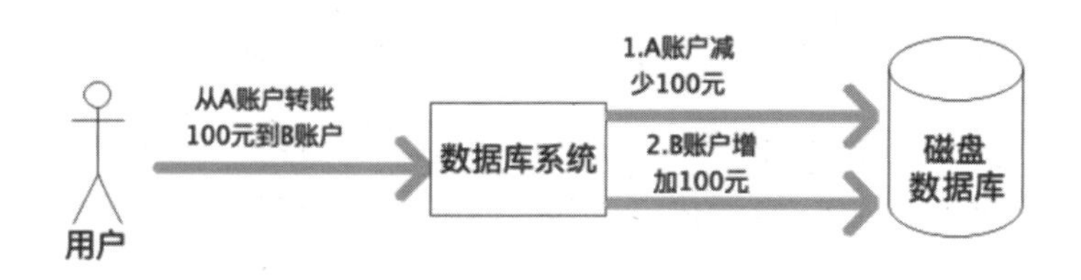

图 5-1

(2) 库存管理：库存管理需要对商品数量进行操作，如果多个用户同时对同一件商品进行购买或修改库存，就会导致数据的不一致，因此需要使用事务进行管理，保证数据的一致性。

(3) 在线支付：在线支付是基于数据库的一项常规操作，需要在执行钱款转移等操作时保证数据的安全，防止意外情况引起的数据损失或操作失误等问题。

(4) 商城下单：商城下单也是常见的数据库操作用例，涉及多个表的操作，需要保证同一个订单中的所有操作都能够被正确执行。

在实际数据库操作中，由于一些特殊原因，事务操作可能会遇到锁的问题，从而导致性能和并发性下降。因此，在考虑数据的安全性、一致性和完整性的前提下，也需要考虑数据库的性能和并发性，从而更好地应用事务。

2. 事务基本操作

MySQL 中的事务是一组操作，被视为单个逻辑工作单元，具备 ACID 属性。在 MySQL 中，用户执行的每条 SQL 语句都会被当成单独的事务自动提交。如果想要将一组 SQL 语句作为一个事务，就需要在执行这组 SQL 语句之前显示地开启事务。显示开启事务需要使用以下语句。

```
START TRANSACTION;
```

执行上述语句之后，后续的每条 SQL 语句将不再自动提交。用户想要提交时，需要手动提交。只有事务提交后，事务中的 SQL 语句才会生效。手动提交事务需要使用以下语句。

```
COMMIT;
```

为了让大家更好地理解事务开启和事务提交，下面通过案例来讲解。

使用事务向管理员表添加一条数据，同时修改学生的成绩，具体的 SQL 语句如下所示。

```
# 开启事务
START TRANSACTION;
INSERT INTO admin(id,username,password,email,telphone)
VALUES(4,'jack','jack123','jack@163.com','15899236653');
UPDATE stuscore SET score=score + 5 WHERE stuId=202301 and subject = 'HTML 网页设计';
# 事务提交
COMMIT;
```

上述代码中，首先开启了一个事务；然后执行了两个操作，即在 admin 表中插入了一条记录并在 stuscore 表中更新了学生的成绩；最后使用 COMMIT 指令提交事务，将这两个操作永久保存到数据库中。

执行结果如图 5-2 所示。

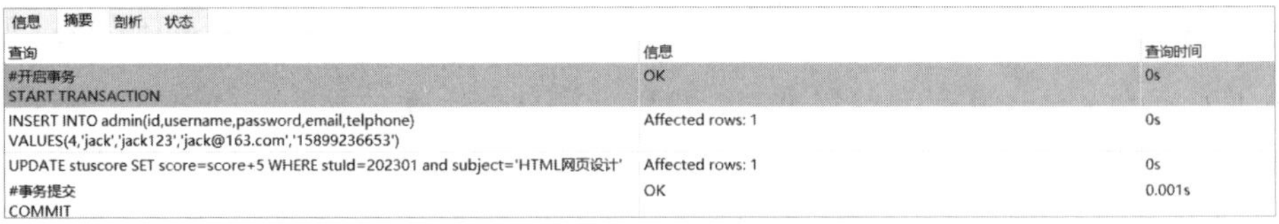

信息　摘要　剖析　状态

查询	信息	查询时间
#开启事务 START TRANSACTION	OK	0s
INSERT INTO admin(id,username,password,email,telphone) VALUES(4,'jack','jack123','jack@163.com','15899236653')	Affected rows: 1	0s
UPDATE stuscore SET score=score+5 WHERE stuId=202301 and subject='HTML网页设计'	Affected rows: 1	0s
#事务提交 COMMIT	OK	0.001s

图 5-2

从执行结果可以看出，INSERT 和 UPDATE 语句都成功执行，事务也成功提交。

如果在事务执行的过程中发生错误，或者不想提交当前事务，则可以使用以下语句回滚事务。

```
ROLLBACK;
```

为了让大家更好地理解事务回滚，下面通过案例来讲解。

使用事务向管理员表添加一条数据，同时修改学生的成绩，具体的 SQL 语句如下所示。

```
# 开启事务
START TRANSACTION;
INSERT INTO admin(id,username,password,email,telphone)
VALUES(4,'jack','jack123','jack@163.com','15899236653');
UPDATE stuscore SET score=score + 5 WHERE stuId = 202302 and subject = 'HTML 网页设计';
# 事务回滚
ROLLBACK;
```

在上述代码中，插入操作发生错误，主键重复，事务将被回滚，数据库将恢复事务开始前的状态，不会对数据进行任何更改。

执行结果如图 5-3 所示。

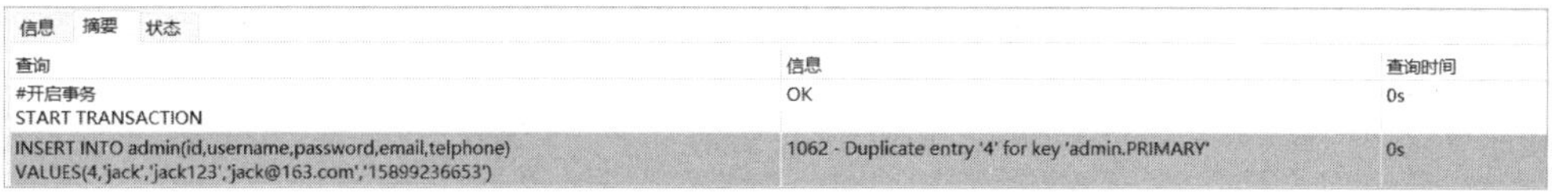

信息　摘要　状态

查询	信息	查询时间
#开启事务 START TRANSACTION	OK	0s
INSERT INTO admin(id,username,password,email,telphone) VALUES(4,'jack','jack123','jack@163.com','15899236653')	1062 - Duplicate entry '4' for key 'admin.PRIMARY'	0s

图 5-3

从执行结果可以看出，编号为 202302 的学生，其“HTML 网页设计”科目的成绩没有更改，说明回滚成功。

需要注意的是，ROLLBACK 语句只能对未提交的事务执行回滚操作，已经提交的事务是不能回滚的。无论执行 COMMIT 语句还是 ROLLBACK 语句，当前事务都会结束。

3. 事务保存点

在回滚事务时，事务内的所有操作都将被撤销。如果希望只撤销事务内的部分操作，则可以使用事务保存点来实现。MySQL 中的事务保存点是一种用于处理复杂事务的很有用的机制。在一个事务中创建一个保存点，可以在必要时回滚到该点而不会回滚整个事务。在 MySQL 中使用 SAVEPOINT 语句来设置事务的保存点，其基本语法格式如下所示。

```
SAVEPOINT savepoint_name;
```

在上述语法格式中，savepoint_name 是保存点的名称。在设置了保存点后，可以在事务中执行多个操作。如果需要回滚到保存点，则可以使用 ROLLBACK TO 语句来实现，其基本语法格式如下所示。

```
ROLLBACK TO savepoint_name;
```

为了让大家更好地理解事务保存点，下面通过案例来讲解。

使用事务同时修改多名学生的成绩，任何一处修改失败，都需要撤销所有修改，具体的 SQL 语句如下所示。

```
# 开启事务
START TRANSACTION;
# 创建保存点 sp1
```

```
SAVEPOINT sp1;
# 执行操作
UPDATE stuscore SET score = score + 5 WHERE stuId = 202302 and subject='HTML 网页设计';
UPDATE stuscore SET score = score + 5 WHERE stuId = 202388 and subject='JAVA 编程基础';
# 回滚到保存点 sp1
ROLLBACK TO sp1;
COMMIT;
```

在上述代码中，第一个 UPDATE 语句用于修改学号是 202302 的学生的“HTML 网页设计”科目成绩，第二个 UPDATE 语句用于修改学号是 202388 的学生的“JAVA 编程基础”科目成绩，由于系统中没有 202388 这个学号，因此第二个 UPDATE 语句执行失败。此时，使用 ROLLBACK TO 语句回滚到保存点，而不会回滚所有操作。

执行结果如图 5-4 所示。

scoreId	stuId	subject	score
1	202301	HTML网页设计	98
2	202301	JAVA编程基础	95
3	202301	走进IT世界	95
4	202302	HTML网页设计	89
5	202302	JAVA编程基础	85
6	202302	走进IT世界	90
7	202305	HTML网页设计	92
8	202305	JAVA编程基础	90
9	202305	走进IT世界	90

图 5-4

从执行结果可以看出，学号是 202302 的学生，其“HTML 网页设计”科目的成绩是 89，与开始添加时的数据是一致的，并没有更改，说明成功地回滚到了保存点。

任务实施

1. 使用事务模拟银行转账

银行账户表(blank)中记录了银行账户信息，现在需要使用事务完成从账户编号 110 向账户编号 120 转账 1000 元的操作。表结构及数据如图 5-5 所示。

account_id	account_num	balance
110	6217611800110	1000
120	6217811900120	5000

图 5-5

当操作账户编号 110 和 120 的数据时，需要确保操作要么都成功，要么都失败。因此在操作数据之前需要先开启事务，然后将账户编号 110 的余额减去 1000，将账户编号 120 的余额添加 1000，具体的 SQL 语句如下所示。

```
# 开启事务
START TRANSACTION;
# 账户编号 110 的余额减去 1000
UPDATE account SET balance = balance - 1100 WHERE account_id = 110;
# 账户编号 120 的余额添加 1000
UPDATE account SET balance = balance + 1000 WHERE account_id = 120;
```

为了安全起见，在提交修改数据之前，应先查询修改后的信息，具体的 SQL 语句和执行结果如图 5-6 所示。

图 5-6

从执行结果可以看出，账户余额出现了负数，余额信息修改错误，错将 1000 元设置为 1100 元。若不想重新修改数据，撤销之前修改的账户余额，则可以使用事务回滚来实现，然后查询撤销操作后的数据，具体的 SQL 语句和执行结果如图 5-7 所示。

```
29 #回滚事务
30 ROLLBACK;
31
32 #查询账户编号110、120账户信息
33 SELECT *FROM account WHERE account_id in(110,120);
34
```

信息　Result 1　概况　状态

account_id	account_num	balance
110	6217611800110	1000
120	6217811900120	5000

图 5-7

从执行结果可以看出，账户编号 110 和 120 的账户余额又恢复了原值，说明事务回滚成功。

重新执行账户编号 110 的余额减去 1000，账户编号 120 的余额添加 1000 的操作，并确定此次操作肯定不会出错。修改余额后提交事务，具体的 SQL 语句如下所示。

```
# 账户编号 110 的余额减去 1000
UPDATE account SET balance = balance - 1000 WHERE account_id = 110;
# 账户编号 120 的余额添加 1000
UPDATE account SET balance = balance + 1000 WHERE account_id = 120;
# 事务提交
COMMIT;
```

事务提交后，事务中的 SQL 语句才会生效。重新查询修改后的数据，具体的 SQL 语句和执行结果如图 5-8 所示。

```
40  #事务提交
41  COMMIT;
42
43  #查询账户编号110、120账户信息
44  SELECT *FROM account WHERE account_id in(110,120);
```

信息 Result 1 概况 状态

account_id	account_num	balance
110	6217611800110	0
120	6217811900120	6000

图 5-8

从执行结果可以看出，通过事务成功地完成了转账操作。需要注意的是，在 MySQL 中事务是不允许嵌套的。如果在执行 START TRANSACTION 语句之前，上一个事务还没有提交，则此时执行 START TRANSACTION 语句会隐式执行上一个事务的提交操作。

2. 使用事务保存点实现回滚

假设我们正在处理一个账户转账事务，需要执行多个操作，如果任何一个操作失败，都需要撤销所有更改。在这种情况下，可以设置保存点，以便在需要时撤销部分更改，具体的 SQL 语句如下所示。

```
# 开启事务
START TRANSACTION;
# 新增账户
INSERT INTO account (account_id,account_num, balance) VALUES (130,'6217822911234894566',
2000);
# 创建保存点
SAVEPOINT aa;
# 实现账户编号 130 向账户编号 140 转账
UPDATE account SET balance = balance - 500 WHERE account_id = 130;
UPDATE account SET balance = balance + 500 WHERE account_id = 140;
# 如果 UPDATE 语句执行失败，则可以使用 ROLLBACK TO aa 回滚到保存点
ROLLBACK TO aa;
```

上述操作中将账户编号 130 的余额减少 500 元，并将其转移至账户编号 140。由于系统中还没有 140 账户编号，因此第二个 UPDATE 语句执行失败。此时，使用 ROLLBACK TO 语句可以回滚到保存点，而不会回滚所有操作。重新查询修改后的数据，具体的 SQL 语句和执行结果如图 5-9 所示。

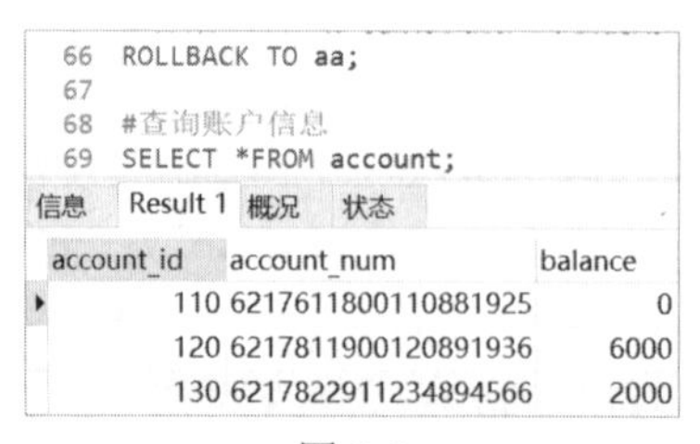

```
66  ROLLBACK TO aa;
67
68  #查询账户信息
69  SELECT *FROM account;
```

信息 Result 1 概况 状态

account_id	account_num	balance
110	6217611800110881925	0
120	6217811900120891936	6000
130	6217822911234894566	2000

图 5-9

从执行结果可以看出，账户编号 130 的账户余额是 2000，和刚刚添加时的数据是一致的，说明成功地回滚到了保存点。

任务二 认识事务隔离级别

任务描述

在 MySQL 中，当多个并发事务同时对数据库进行读写操作时，可以设置事务隔离级别，以保证数据的一致性、可重复性和隔离性。MySQL 中支持四种事务隔离级别，分别是读未提交(READ UNCOMMITTED)、读已提交(READ COMMITTED)、可重复读(REPEATABLE READ)和串行化(SERIALIZABLE)。本节任务是通过对事务隔离级别相关知识的学习掌握其应用方法。

知识学习

1. 读未提交

读未提交(READ UNCOMMITTED)是事务的最低隔离级别，该级别的事务可以读取其他事务中未提交的数据，这种读取方式也称为脏读。

2. 读已提交

读已提交(READ COMMITTED)，在该级别下事务只能读取已提交的数据。该隔离级别可以避免脏读问题，但可能会导致不可重复读和幻读问题。不可重复读是指在一个事务中，多次读取同一数据，但是每次读取的数据却不同。不可重复读并不是错误，但不符合事件需求。

3. 可重复读

可重复读(REPEATABLE READ)是 MySQL 默认的事务隔离级别，它可以避免脏读、不可重复读，但可能导致幻读问题。

幻读是指在一个事务中多次执行同一查询，但返回的结果集却有所不同，即一种事务读取了其他事务已提交的 INSERT 或 DELETE 操作，导致同样的查询条件返回了不同的结果。如果在两个事务之间插入或删除记录，读取这些记录的事务会产生幻读。不过，MySQL 的存储引擎已经解决了该问题，当事务的隔离级别为 REPEATABLE READ 时可以避免幻读。

4. 串行化

串行化(SERIALIZABLE)是事务的最高隔离级别，它会在每个读取的数据上加锁，从而解决脏读、幻读、重复读的问题。该隔离级别可能导致大量的超时和锁竞争的现象，因此也是性能最低的一种隔离级别。

虽然隔离级别 SERIALIZABLE 可以避免不可重复读和幻读等问题，但是会导致使用数据库时性能太差，因此一般不会在实际开发中使用。

注意，MySQL 的默认隔离级别为可重复读。在选择隔离级别时，应根据具体业务场景和性能要求进行选择。

任务实施

1. 避免脏读

假设账户编号 120 要向账户编号 130 转账 1000 元，为了演示脏读，需要开启两个查询窗口，将两个查询窗口分别称为 A 客户端和 B 客户端。首先，查询两个窗口的账户信息，具体的 SQL 语句和执行结果如图 5-10 所示。

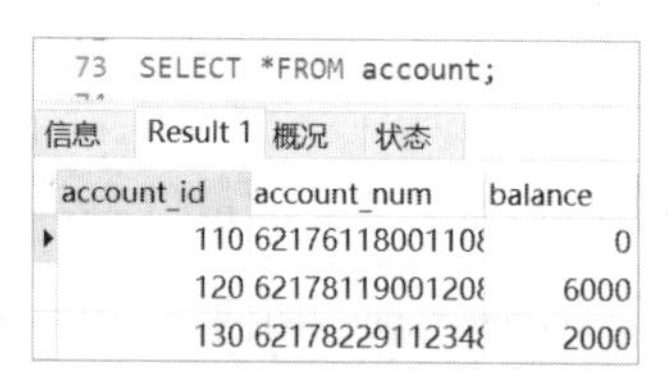

图 5-10

然后，在 A 客户端开启事务，实现账户编号 120 向账户编号 130 转账 1000 元，具体的 SQL 语句如下所示。

```
# 开启事务
START TRANSACTION;
UPDATE account SET balance = balance - 1000 WHERE account_id = 120;
UPDATE account SET balance = balance + 1000 WHERE account_id = 130;
```

需要注意的是，此时不要提交事务，否则就不能演示脏读。

在 MySQL 中默认的隔离级别是 REPEATABLE-READ，为了演示脏读，此时需要将 B 客户端的隔离级别设置为 READ UNCOMMITTED，具体的 SQL 语句如下所示。

```
# 设置隔离级别为 READ UNCOMMITTED
SET SESSION TRANSACTION ISOLATION LEVEL READ UNCOMMITTED;
```

在上述语句中，SESSION 表示当前会话，TRANSACTION 表示事务，ISOLATION 表示隔离，LEVEL 表示级别，READ UNCOMMITTED 表示当前设置的隔离级别。上面的语句执行完毕后，可以使用 SELECT 查询事务的隔离级别，具体的 SQL 语句及执行结果如图 5-11 所示。

图 5-11

从执行结果可以看出，B 客户端的事务隔离级别已经修改为 READ UNCOMMITTED。

最后，在 B 客户端查询账户信息，具体的 SQL 语句及执行结果如图 5-12 所示。

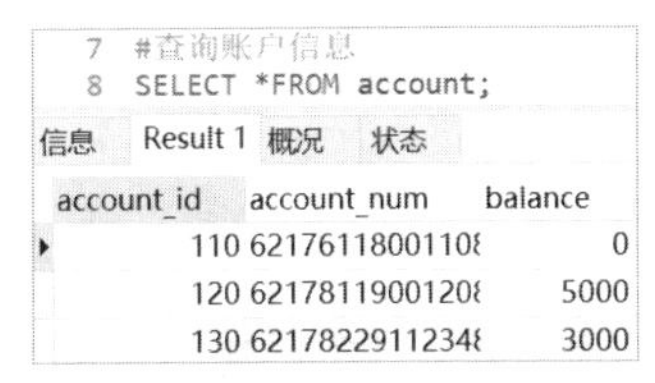

图 5-12

从执行结果可以看出，B 客户端能查询到转账之后的账户信息。这是由于 B 客户端的事务隔离级别较低，读取了 A 客户端中还未提交的信息，出现了脏读。为了避免脏读发生，可以在 B 客户端将事务隔离级别设置为 READ COMMITTED，该隔离级别可以避免脏读，具体的 SQL 语句如下所示。

```
# 设置隔离级别为 READ COMMITTED
SET SESSION TRANSACTION ISOLATION LEVEL READ COMMITTED;
```

修改完隔离级别后，在 B 客户端查询事务隔离级别，具体的 SQL 语句及执行结果如图 5-13 所示。

图 5-13

从执行结果可以看出，B 客户端的事务隔离级别已经修改为 READ COMMITTED。然后在 B 客户端查询账户信息，具体的 SQL 语句及执行结果如图 5-14 所示。

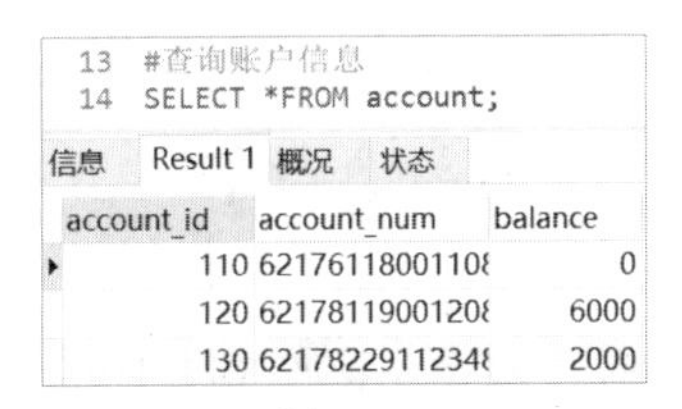

图 5-14

从执行结果可以看出，账户的信息和未修改的数据一致，说明B客户端并没有查询到A客户端中未提交的内容，证明READ COMMITTED隔离级别可以避免脏读。值得一提的是，脏读会带来很多问题，为保证数据的一致性，在实际应用中，几乎不会使用隔离级别READ UNCOMMITTED。

2. 防止不可重复读

接下来，继续使用上面的转账案例进行演示。首先在A客户端使用事务回滚，使数据恢复到最初的值。此时在B客户端查询数据，同时在A客户端修改账户余额信息，具体的SQL语句如下所示。

```
UPDATE account SET balance=balance-1000 WHERE account_id=120;
UPDATE account SET balance=balance+1000 WHERE account_id=130;
```

注意，上面的语句会自动提交事务。

为了防止不可重复读的情况出现，需要在B客户端将事务的隔离级别设置为REPEATABLE READ，具体的SQL语句如下所示。

```
# 设置隔离级别为 REPEATABLE READ
SET SESSION TRANSACTION ISOLATION LEVEL REPEATABLE READ;
```

在B客户端查询账户信息，发现将B客户端修改为REPEATABLE READ后，可以避免不可重复读的情况出现。

任务三 为银行账户添加锁

任务描述

在MySQL中，当多个事务同时对数据库进行读取或修改操作时，会出现并发访问，破坏数据的一致性和完整性。为了解决此问题，可以使用锁机制。本节任务是为银行账户添加锁。

知识学习

MySQL中的锁用于协调对共享资源的并发访问。使用锁可以防止多个事务同时修改同一行数据，从而确保数据的一致性和完整性。

数据库中的锁有多种分类方式，根据不同的划分标准，可以得到不同的锁类型。

按锁的级别划分，可分为共享锁和排他锁。共享锁允许多个事务同时访问同一个资源，但只能读取数据，不能修改数据。排他锁只允许一个事务访问同一个资源，并且允许修改数据。

按锁的粒度划分，可分为以下几种类型。

(1) 行级锁：行级锁是指仅对当前操作的数据行加锁，其他数据行不受影响。MySQL 中的 InnoDB 存储引擎默认采用行级锁。

(2) 表级锁：表级锁是指针对整张表加锁，所有的操作都需要等待锁的释放。MySQL 中的 MyISAM 存储引擎默认采用表级锁。

(3) 数据库级锁：数据库级锁是指针对整个数据库加锁，所有的操作都需要等待锁的释放。

在实际使用 MySQL 中的锁时，通常会使用以下语句。

(1) SELECT ... FOR UPDATE：用于获取一行数据行并对其加排他锁，其他事务将不能同时修改该行数据。

(2) SELECT ... LOCK IN SHARE MODE：用于获取一行数据行并对其加共享锁，其他事务可以读取该行数据。

(3) LOCK TABLES：用于对表加锁，可以为一张表或多张表加锁。

(4) UNLOCK TABLES：用于释放锁。

任务实施

1. 为账户添加排他锁

在 A 客户端添加排他锁，并修改账户编号为 110 的账户余额，具体的 SQL 语句如下所示。

```
# 开启事务
START TRANSACTION;
# 使用 FOR UPDATE 添加排他锁
SELECT *FROM account WHERE account_id = 110 FOR UPDATE;
UPDATE account SET balance = balance + 1000 WHERE account_id = 110;
SELECT *FROM account WHERE account_id = 110;
```

在 B 客户端使用排他锁查询账户编号 110 的账户信息，在执行过程中，出现阻塞。如果事务 A 一直没有释放锁，稍作等待后，事务 B 会抛出错误。具体的 SQL 语句及执行结果如图 5-15 所示。

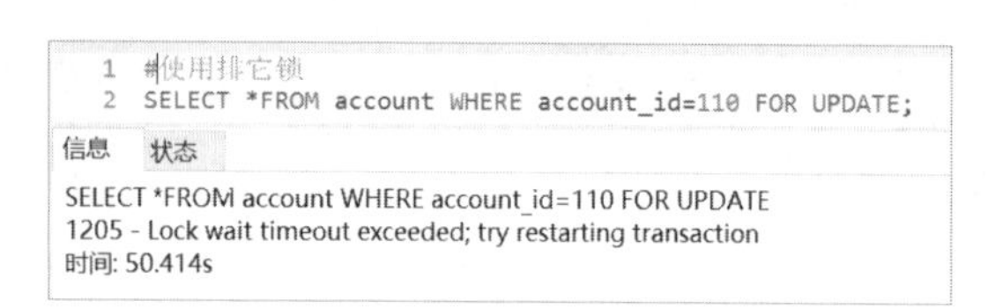

图 5-15

在 C 客户端查询账户编号 110 的账户信息，具体的 SQL 语句及执行结果如图 5-16 所示。

图 5-16

从执行结果可以看出，能够查询到数据，说明普通查询没有任何锁。

2. 为账户添加共享锁

在 A 客户端查询账户编号为 110 的账户余额并添加共享锁，具体的 SQL 语句如下所示。

```
# 共享锁
SELECT *FROM account WHERE account_id=110 LOCK IN SHARE MODE;
```

在 B 客户端使用共享锁查询账户编号 110 的账户信息，具体的 SQL 语句和执行结果如图 5-17 所示。

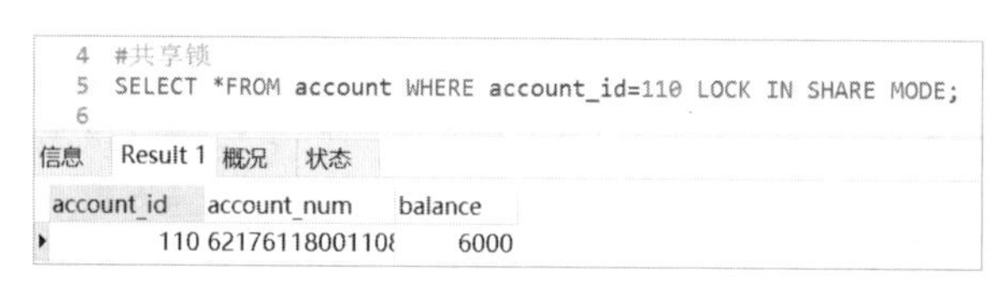

图 5-17

从执行结果可以看出，可以查询到数据，说明对于共享锁，其他事务可以读取该行数据。

在 C 客户端尝试修改带有共享锁的数据，出现阻塞，等待过程中，如果 A 客户端事务一直未释放，则长久等待后会报错，具体的 SQL 语句及执行结果如图 5-18 所示。

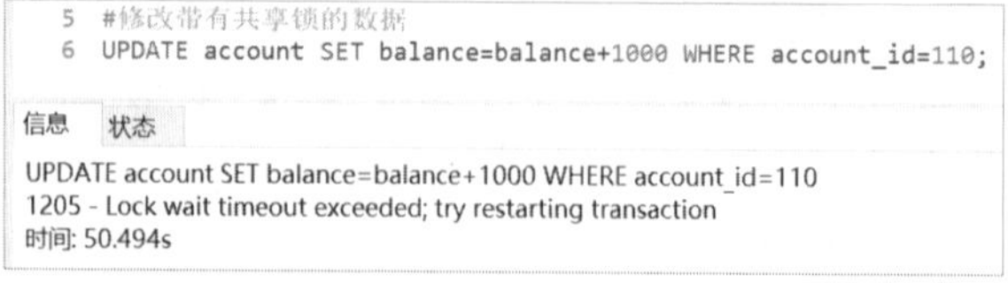

```
5 #修改带有共享锁的数据
6 UPDATE account SET balance=balance+1000 WHERE account_id=110;
信息 状态
UPDATE account SET balance=balance+1000 WHERE account_id=110
1205 - Lock wait timeout exceeded; try restarting transaction
时间: 50.494s
```

图 5-18

综上所述，MySQL 中的锁可以保证数据的一致性和完整性，避免多个事务同时修改同一行数据的情况。在实际应用中，合理使用锁可以有效提高程序的并发性能，避免出现死锁等问题。

任务四　使用游标检索账户信息

任务描述

对于前面编写的 SQL 语句，虽然可以通过筛选条件来限定返回的记录，但却没有办法在结果集中像指针一样定位每一条记录。使用游标则可以有效解决此问题。本节任务是使用游标检索账户信息。

知识学习

1. 游标简介

游标(cursor)是处理数据的一种方法，为了查看或处理结果集中的数据，游标提供了在结果集中一次遍历一行数据的功能。游标其实就像编程语言中的 for 循环，可以把数组(数据的集合)中的每条数据一条一条地循环出来，然后在 for 循环中使用判断语句对感兴趣的数据进行处理。

游标是一种临时的数据库对象，主要用于遍历查询结果集中的每一行数据。游标充当了指针的角色，允许开发者对查询结果集中的数据行进行逐行操作。

MySQL 中的游标具有以下特点。

(1) 可以在存储过程或存储函数中使用游标。

(2) 可以遍历返回的所有数据。

(3) 可以使用游标在结果集中定位特定行进行操作。

图 5-19 说明了游标如何充当指针来返回一行数据。

```
74  #查询成绩高于80分的成绩信息
75  SELECT *FROM stuscore WHERE score>80;
76
```

信息　Result 1　概况　状态

scoreId	stuId	subject	score
1	202301	HTML网页设计	95
2	202301	JAVA编程基础	92
3	202301	MySQL基础	96
4	202302	HTML网页设计	94
6	202302	MySQL基础	90
7	202305	HTML网页设计	93
8	202305	JAVA编程基础	88
9	202305	MySQL基础	91

图 5-19

在此例中，游标此时所在的行是“2”的记录，我们也可以在结果集上滚动游标，指向结果集中的任意一行。

需要注意的是，游标虽然在某些情况下是非常有用的，但它可能会消耗大量的内存和时间，因此在使用游标时一定要谨慎，只在必要的情况下使用。

2. 游标操作步骤

游标的使用要遵循一定的操作步骤，一般分为声明游标、打开游标、使用游标和关闭游标四个步骤。下面对这四个步骤进行讲解。

1) 声明游标

在 MySQL 中使用 DECLARE 关键字声明游标。因为游标要操作的是 SELECT 语句返回的结果集，所以声明游标需要指定与其关联的 SELECT 语句，其基本语法格式如下所示。

```
DECLARE cursor_name CURSOR FOR select_statement;
```

在上述语法格式中，cursor_name 表示游标的名称，该名称必须唯一；select_statement 表示 SELECT 语句，可以返回一行或多行数据。

需要注意的是，变量、错误触发条件、错误处理程序和游标都是在 DECLARE 中声明的，但它们是有先后顺序要求的。变量和错误触发条件必须在前面声明，其次声明游标，最后声明错误处理程序。

2) 打开游标

声明游标之后，要想从游标中提取数据，必须打开游标。在 MySQL 中，打开游标通过 OPEN 关键字来实现，其基本语法格式如下所示。

```
OPEN cursor_name;
```

在上述语法格式中，cursor_name 表示所要打开游标的名称。需要注意的是，打开一个游标时，游标并不指向第一条记录，而是指向第一条记录的前边。

在程序中，一个游标可以被打开多次。用户打开游标后，其他用户或程序可能正在更新数据表，因此有时会导致用户每次打开游标后，显示的结果都不同。

3) 使用游标

打开游标后，可以使用 FETCH...INTO 语句来读取结果集中的数据，其基本语法格式如下所示。

```
FETCH cursor_name INTO var_name [,var_name]...
```

在上述语法格式中，游标 cursor_name 中 SELECT 语句的执行结果被保存到变量参数 var_name 中。变量参数 var_name 必须在游标使用之前定义。游标类似于高级语言中的数组遍历，当第一次使用游标时，游标指向结果集的第一条记录。FETCH 语句每执行一次就在结果集中获取一行记录，获取到记录后，游标就会向前移动一步，指向下一条记录。

FETCH 语句通常和 REPEAT 循环语句一起使用。由于无法直接判断哪条记录是结果集中的最后一条记录，当利用游标从结果集中循环出最后一条记录后，再次执行 FETCH 语句将产生错误信息。因此，使用游标时通常需要自定义错误处理程序来处理该错误，以结束游标的循环。

4) 关闭游标

游标使用完毕后，要及时关闭，释放其占用的 MySQL 服务器的内存资源。在 MySQL 中，使用 CLOSE 关键字关闭游标，其基本语法格式如下所示。

```
CLOSE cursor_name;
```

在上述语法格式中，CLOSE 释放了游标使用的所有内部内存和资源。每个游标不再需要时都应该关闭。

关闭游标后，如果没有重新打开，则不能使用它。但是，使用声明过的游标不需要再次声明，用 OPEN 语句打开它即可。

如果不明确关闭游标，MySQL 将会在到达 END 语句时自动关闭它。关闭游标之后，不能使用 FETCH 语句来使用该游标。

为了让大家更好地理解游标的使用方法，下面通过案例进行讲解。

使用游标统计 admin 表中在 2023-01-01 之后成为管理员的管理员数量，具体的 SQL 语句如下所示。

```
DELIMITER //
CREATE PROCEDURE pro_cursor()
BEGIN
DECLARE flag INT DEFAULT 0;                    # 游标结束循环的标识
DECLARE temp_total int DEFAULT 0;              # 存放统计数量
# 声明游标
DECLARE cur_admin CURSOR FOR SELECT COUNT(*) from admin WHERE created_at>='2023-01-01';
# 指定游标循环结束时的返回值
DECLARE CONTINUE HANDLER FOR NOT FOUND SET flag = TRUE;
# 打开游标
OPEN cur_admin;
label_loop:LOOP
# 通过游标获取结果集的记录
FETCH cur_admin INTO temp_total;
# 判断游标的循环是否结束
IF flag THEN
    LEAVE label_loop;                          # 跳出游标循环
END IF;
# 结束游标循环
END LOOP ;
# 关闭游标
CLOSE cur_admin;
```

```
# 输出结果
SELECT temp_total;
END//
DELIMITER ;
```

在上述代码中，创建了存储过程 pro_cursor；定义了变量 flag，用于存储游标结束循环的标识；定义了变量 temp_total，用于存放统计数量的值；声明了游标 cur_admin，该游标与 admin 表中 2023-01-01 之后成为管理员的管理员数量相关联；指定了游标循环结束时的返回值；打开游标；通过 LOOP 遍历游标，每循环一次，FETCH 取出游标标记的一行记录，并将记录的值存入前面定义的变量中；判断 flag 是否结束，如果结束，跳出游标循环；最后结束循环并关闭游标，输出结果。

调用存储过程 CALL pro_cursor，具体的 SQL 语句及执行结果如图 5-20 所示。

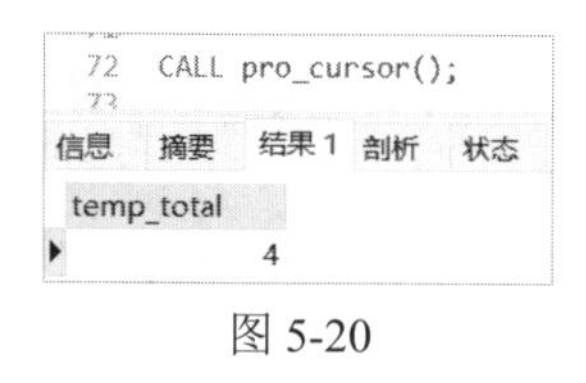

图 5-20

任务实施

使用游标将 account 表中账户余额高于 1000 元的账户信息存放在一个新的数据表 temp_account 中，temp_account 表的结构和 account 表保持一致，具体操作过程如下。

首先，创建用来存放结果数据的表 temp_account，具体的 SQL 语句如下所示。

```
# 账户临时表
create table temp_account
(
  account_id INT PRIMARY KEY,
  account_num varchar(20),
  balance DECIMAL(10,2) NOT NULL DEFAULT 0
);
```

然后，创建存储过程，在存储过程中把查询出的账户信息添加到 temp_account 表中，具体的 SQL 语句如下所示。

```
DELIMITER //
CREATE PROCEDURE pro_account()
BEGIN
 DECLARE flag INT DEFAULT 0;                  # 游标结束循环的标识
 DECLARE temp_account_id int;                 # 存放 account 表 account_id 字段的值
 DECLARE temp_account_num varchar(20);        # 存放 account 表 account_num 字段的值
 DECLARE temp_blance decimal(10,2);           # 存放 account 表 blance 字段的值
```

```
 # 声明游标
 DECLARE cur_account CURSOR FOR SELECT *from account WHERE balance>=1000;
 # 定义错误处理程序
 DECLARE CONTINUE HANDLER FOR SQLSTATE '02000'
SET flag=1;
 # 打开游标
 OPEN cur_account;
 REPEAT
# 通过游标获取结果集的记录
FETCH cur_account INTO temp_account_id,temp_account_num,temp_blance;
IF flag!=1 THEN
INSERT INTO temp_account VALUES(temp_account_id,temp_account_num,temp_blance);
END IF;
UNTIL flag=1 END REPEAT;
# 关闭游标
CLOSE cur_account;
END//
DELIMITER ;
```

在上述代码中，创建了存储过程 pro_account；定义了变量 flag，用于存储游标结束循环的标识；定义了 3 个变量，用于存储账户表 account 中 3 个字段的值；声明了游标 cur_account，该游标与 account 表中账户余额高于 1000 元的记录相关联；定义了错误处理程序，用于在游标获取最后一行记录后继续执行程序，并设置 flag 的值为 1；打开游标；通过 REPEAT 遍历游标，每循环一次，FETCH 取出游标标记的一行记录，并将记录的值存入前面定义的变量中；判断 flag 是否等于 1，如果不等于 1，则将记录插入 temp_account 表中；当 flag 的值为 1 时，说明已经将结果集的数据检索完毕，结束循环并关闭游标。

最后，调用存储过程 CALL pro_account，并在调用后查看 temp_account 表中的记录，具体的 SQL 语句及执行结果如图 5-21 所示。

```
51  #调用存储过程
52  CALL pro_account();
53
54  SELECT *FROM temp_account;
```

信息　Result 1　概况　状态

account_id	account_num	balance
110	6217611800110	6000
120	6217811900120	5000
130	6217822911234	3000
150	6217822911234	5000
160	6217822911234	6000

图 5-21

从执行结果可以看出，执行存储过程后，账户表 account 中账户余额高于 1000 元的记录被存放在了数据表 temp_account 中。

使用游标可以很方便地对每行数据进行逐一处理，具有灵活性和高度的可操作性。但需要注意的是，使用游标需要消耗大量内存，在处理大量数据时可能会导致性能下降。因此，建议在处理比较大的数据集时，尽可能使用其他高效的数据处理方式。

思政讲堂

科技奏响强国梦

抬头看，北斗组网，战机翱翔；俯首察，蛟龙深潜，稻谷飘香；放眼望，国泰民安，盛世辉煌。几十年来，科技迅猛发展，积贫积弱的中国早已载上强国的梦想，扬帆远航。

强国的梦想想要变成现实，离不开科技的发展。科技是什么？科技是老百姓手中的粮食，能吃饱肚子；科技是工厂里的各种产品，能满足人们生活的需要；科技是海、陆、空三军的武器，能保护自己的家园；科技是中国砥砺前行、快速强大起来的依靠。

回首往昔，鸦片战争中，清政府腐败无能、有海无防、国土被侵占、人民被屠杀。20世纪90年代，银河号无端被查、大使馆被轰炸、我国领空被强盗的飞机骚扰，而当时我们的空军却只有落后的歼-8。

没有实实在在的力量，我们的屈辱还会继续。正是无数的勇士埋头苦干，才有辽宁、山东舰的劈波斩浪，歼-20战机的呼啸天空，东风洲际导弹的横空出世。

没有几十年的埋头苦干、辛苦奋斗，哪有现在安稳和平的生活？

科技奏响了强国梦，嫦娥四号在人类历史上第一次登陆月球背面，实现了中国人民一代又一代的“奔月”梦想。长征五号运载火箭成功发射，使中国的航天技术达到世界前沿。雪龙2号登陆南极，填补了中国在极地科考重大装备领域的空白。5G商用加速推进，让中国的通信科技领先世界，这无数的成就十分振奋人心，激励我们用科技报效祖国。

在通往成功的路上不会一帆风顺，科技强国的路上也难免会遇到各种困难和阻力，甚至还有强权的打压。但我们老一辈的科学家和建设者不畏艰险、隐姓埋名，为了祖国甘愿奉献一切。无数风华正茂的年轻学子，为了祖国挥洒自己的青春和热血，是他们让我们的科技日新月异，是他们让我们的国家蒸蒸日上。

再回首，掌握古今，肩挑明天，国民齐心见证大国崛起；睹当下，煅自烈火，履过薄冰，科教兴国事业如日中天。

生逢盛世，当下正是我们努力奋斗的大好时光，让我们珍惜当下，好好学习，趁着科技的春风扬帆起航吧！

单元小结

- 事务属性：原子性、一致性、隔离性和持久性。
- 事务操作包括开启、回滚和提交事务，以及创建事务保存点。
- 游标是一种用于在 SQL 语句结果集上进行逐行处理的数据库对象，它提供了一种遍历和操作结果集的方式。
- 游标操作步骤：声明游标、打开游标、使用游标和关闭游标。

单元自测

一、选择题

1. 事务的作用是(　　)。

   A. 批量执行 SQL 语句

   B. 保证成批的 MySQL 操作要么完全执行，要么完全不执行

   C. 提高数据查询速度

   D. 进行逻辑处理

2. 下列选项中，属于事务的属性的是(　　)。

   A. 原子性　　B. 一致性

   C. 持久性　　D. 隔离性

3. 在 MySQL 的事务中，回滚的命令是(　　)。

   A. COMMIT　　B. SAVEPOINT

   C. ROLLBACK　　D. GOHOME

4. 下列有关游标的描述，正确的是(　　)。

   A. 游标就是简单的 SELECT 语句

   B. 游标主要用于存储过程和函数中

   C. 游标是一个存储在 MySQL 服务器上的结果集本身

   D. 游标主要用于交互式应用

5. 游标中的 FETCH 的作用是(　　)。

A. 对取出的数据进行某种实际的处理

B. 调用存储过程

C. 循环检索数据，从第一行到最后一行

D. 指定检索什么数据(所需的列)，以及检索出来的数据存储在什么地方

二、问答题

1. 描述 MySQL 中事务的四大属性。
2. 描述 MySQL 中事务的隔离级别。
3. 描述使用游标的基本步骤。

三、上机题

根据员工表 emp(见表 2-2)和部门表 dept(见表 2-3)完成以下要求。

(1) 删除员工表测试数据，再添加真实企业员工信息，为了使删除数据和添加真实数据的操作同时成功或失败，使用事务完成该操作。

(2) 删除部门表测试数据，再添加真实企业部门信息，为了使删除数据和添加真实数据的操作同时成功或失败，使用事务完成该操作。

(3) 编写一个事务，实现添加员工工资小于 0，则事务回滚。

(4) 使用游标检索所有部门信息并输出。

(5) 使用游标检索薪水高于 10000 元的员工信息，将其添加到新的数据表中，并输出信息。

使用触发器实现自动化

课程目标

技能目标

❖ 理解触发器的工作原理

❖ 掌握触发器的基本操作

❖ 掌握 INSERT、UPDATE 和 DELETE 触发器的应用方法

素质目标

❖ 求实创新、坚韧不拔

❖ 胸怀国家、敬业奉献

❖ 实事求是、团结进取

简介

在 MySQL 中，约束(如 check 约束)可以保证数据的完整性，使数据符合实际开发的需求，但是一旦需要实现高级的约束功能时，运用前面学过的知识就无法做到了。如何解决这个问题呢？这时可以使用触发器来实现。触发器是 MySQL 数据库中的一项非常重要的功能，它可以在表的数据发生变化时自动执行一些操作。通常情况下，触发器可以实现数据约束、业务逻辑验证和数据同步等任务。

触发器可以促使我们在设计数据库时更加注重数据的完整性和安全性。在设计过程中，可以通过设定触发器来保证数据的一致性，避免误操作和恶意攻击导致数据的不一致。触发器的运用让我们更加清晰地认识到，有效的数据管理不仅需要技术手段，更需要良好的价值观念和道德准则的约束。

任务一 使用触发器自动添加库存信息

任务描述

在实际开发场景中，经常会遇到有一些表是互相关联的，如商品表和库存表，在对商品表中的数据进行操作时，也应改变库存表中的数据，这样才可以保证数据的完整。若手动执行此操作，则比较麻烦。此时，可以创建一个触发器，使插入商品数据的操作自动触发插入库存数据的操作，这样就不需要担心因为忘记添加库存数据而导致数据丢失了。本节任务是用触发器自动添加库存信息。

知识学习

1. 问题引入

为什么需要触发器呢？我们来看一个很典型的例子。

现有商品信息表(GoodsInfo)、订单信息表(OrderInfo)和库存信息表(StockInfo)，需模拟超市添加订单，具体的 SQL 语句如下所示。

```
# 商品信息表
create table GoodsInfo
(
    GoodsID int primary key auto_increment,              # 商品编号
    GoodsName varchar(20),                               # 商品名称
```

```
    price DECIMAL(7,2)                                          # 商品价格
);
# 订单信息表
create table OrderInfo
(
    GoodsID int,                                                # 商品编号
    FOREIGN KEY(GoodsID) references GoodsInfo(GoodsID),         # 外键
    GoodsName varchar(20),                                      # 商品名称
    SaleAmount int,                                             # 订购数量
    OrderDate TIMESTAMP default CURRENT_TIMESTAMP               # 订单日期
);
# 库存信息表
create table StockInfo
(
    GoodsID int,                                                # 商品编号
    FOREIGN KEY(GoodsID) references GoodsInfo(GoodsID),         # 外键
    StockAmount int                                             # 库存数量
);
# 测试数据
insert into GoodsInfo values(null,'华为 Mate 10',6388);
insert into OrderInfo values(1,'华为 Mate 10',1,default);
insert into StockInfo values(1,100);
```

SQL 查询语句及执行结果如图 6-1 所示。

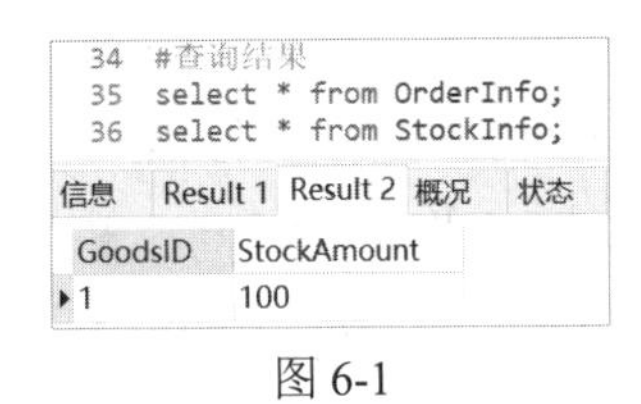

图 6-1

上述执行结果存在错误。当向订单信息表中插入一条数据时，虽然订单信息表中保存了订单信息，但是库存信息表中的该商品的库存量仍是 100，并没有自动同步修改。很明显，在向订单信息表中添加订单信息时，系统应自动减少该商品的库存量。此外，从事务的角度来说，一旦订单交易失败，对库存的修改也要取消。

如何解决这样的问题呢？运用以前学过的知识来约束这样一个特殊的业务规则显然是不行的。使用事务是否可行呢？事务可以保证当订单交易失败时，对库存的修改也取消，但是不能实现自动修改库存数量的功能。此时，需要实现向订单信息表中添加数据后，自动地触发修改对应库存数量的功能，进而确保订单信息表和库存信息表中信息的完整性。综合来看，最优的解决方案就是使用触发器。触发器是一种特殊的存储过程，它是自动执行的，并且支持事务的特征，它能在多个表之间执行特殊的业务规则，以满足实际功能的需求。

2. 触发器概述

MySQL 触发器是一种自动化机制，用于在数据库执行特定操作时自动触发相应的事件。例如，在插入、更新或删除数据库中的数据时触发额外的处理逻辑。可以通过触发器在数据库中设置约束、验证业务逻辑和实现数据同步等，从而在一定程度上提高数据库的安全性和可靠性。

具体来说，触发器是一段预定义的 SQL 代码，可以在 INSERT、UPDATE 或 DELETE 语句执行之前或之后自动执行。它能够对表数据的变化做出响应，并在数据库中执行其他相关操作。

触发器执行的逻辑可以是 SQL 语句、存储过程、函数等，可以应用在各种场景下。例如，可以使用触发器来检查数据的完整性、限制对表的访问、触发其他操作、实现数据同步等。

触发器具有以下优点。

(1) 当与触发器相关联的数据表中的数据发生变化时，触发器中定义的语句自动执行。

(2) 触发器可以对数据进行安全校验，保障数据安全。

(3) 触发器能够对数据库中的相关表实现级联更改，在一定程度上保证数据完整性。

在 MySQL 中，触发器被广泛地应用在各种业务场景中，尤其是需要对数据进行约束或实现业务逻辑时。下面是一些常见的触发器应用场景。

(1) 实现审计日志：每当用户在数据库中执行插入、更新或删除操作时，触发器可以自动记录这些操作的关键信息，包括操作时间、执行用户、数据表名，以及涉及的数据变更内容。这样，我们就有了一个详细的审计日志，用于跟踪和审查数据库中的所有活动。

(2) 数据实时推送：触发器可以实时地将数据库中的数据变更推送给其他系统或应用。每当数据发生变化时，触发器可以自动触发一个事件，如发送一个 HTTP 请求或调用一个 API 接口，将变更的数据推送到需要的地方。

(3) 自动计算字段：数据库中的某些字段有时需要根据其他字段的值自动计算得出。例如，一个订单的总金额可能需要根据商品数量和单价来计算。在这种情况下，可以使用触发器来实现这种自动计算。每当与订单相关的字段(如商品数量或单价)发生变化时，触发器可以自动重新计算订单的总金额，并更新相应的字段值。

总之，触发器可以在很多场景下自动化实现需要完成的操作，从而提高工作效率和数据安全性。但是需要注意，触发器使用不当也可能带来潜在的风险，因此在使用时需要谨慎。

3. 创建触发器

在 MySQL 中，创建触发器时需要指定其操作的数据表。创建触发器的基本语法格式如下所示。

```
CREATE
[DEFINER = { user | CURRENT_USER }]
TRIGGER trigger_name trigger_time trigger_event
ON tbl_name FOR EACH ROW
[FOLLOWS another_trigger_name]
[PRECEDES another_trigger_name]
trigger_body
```

在上述语法格式中，各参数的含义如下。

- DEFINER：可选参数，触发器的创建者，默认为当前用户，也可以指定其他用户作为创建者。
- TRIGGER：关键字，用来表示创建一个触发器。
- trigger_name：触发器的名称，必须是唯一的。
- trigger_time：触发器的执行时机，可以设置为 BEFORE 或 AFTER。BEFORE 表示在触发事件之前执行触发器，AFTER 表示在触发事件之后执行触发器。
- trigger_event：触发器的触发事件，可以设置为 INSERT、UPDATE 或 DELETE。
- tbl_name：触发器所属的表名。
- FOR EACH ROW：表示每当表中的一条记录发生变化时都会触发该触发器。
- FOLLOWS：可选参数，指定该触发器在另一个触发器之后执行。
- PRECEDES：可选参数，指定该触发器在另一个触发器之前执行。
- trigger_body：触发器的执行体，可以是单条语句或多条语句的复合语句。触发器的执行体中可以使用 NEW 和 OLD 关键字来访问触发事件前和触发事件后的数据。

在创建触发器之前，需要先确保 MySQL 的版本支持触发器，以及当前用户具有创建触发器的权限。当触发器被触发时，它会自动创建两个伪行：OLD 和 NEW。这两个伪行与触发器所在的表的结构相同，用于在触发器的执行过程中访问表中受到影响的行的新值和旧值。其中，OLD 代表触发器执行之前的行状态，NEW 代表触发器执行之后的行状态。在触发器中，可以使用 OLD 和 NEW 来访问触发事件所涉及行的字段值，具体说明如下。

- 在 DELETE 触发器中，OLD 伪行包含被删除的实际值，而 NEW 是空的。
- 在 INSERT 触发器中，OLD 是空的，而 NEW 伪行包含插入的行的值。
- 在 UPDATE 触发器中，OLD 包含被修改的行的值，而 NEW 包含修改后的行的值。

需要注意的是，有时 OLD 和 NEW 伪行的值不允许更改。例如，当触发器被用于限制外键约束时，不允许修改 NEW 中的值。此外，在触发器中也不能直接插入或删除值。

总之，OLD 和 NEW 在触发器中扮演着非常重要的角色，它们使触发器能够动态地访问和操作受到影响的行的值，从而便于人们更加灵活、高效地管理 MySQL 数据库中的数据。

4. 查看触发器

触发器创建成功后，可以查看触发器。如果想通过语句查看数据库中已经存在的触发器信息，则可以使用 SHOW TRIGGERS 语句来实现，其基本语法格式如下所示。

```
SHOW TRIGGERS;
```

5. 删除触发器

当创建的触发器不再符合当前需求时，可以删除它。删除触发器的操作比较简单，只需要使用 MySQL 提供的 DROP TRIGGER 语句即可，其基本语法格式如下所示。

```
DROP TRIGGER [IF EXISTS] trigger_name;
```

在上述语法格式中，trigger_name 指的是待删除的触发器的名称；IF EXISTS 为可选项，表示只有在该触发器存在时才删除，如果不存在则不执行删除操作。

任务实施

1. 创建自动添加库存信息触发器

现在需实现向商品信息表添加商品信息的同时，库存信息表自动添加该商品的库存信息的需求。假如库存是 1000，现使用触发器来实现，具体的 SQL 语句如下所示。

```
CREATE TRIGGER tri1
AFTER INSERT ON GoodsInfo
FOR EACH ROW
INSERT INTO StockInfo VALUES(new.GoodsID,1000);
```

在上述语句中，创建的触发器名称为 tri1；根据需求，触发器的执行时机为 AFTER，表示在触发事件之后执行触发器；触发器的触发事件是 INSERT，表示在执行 INSERT 语句时触发；ON GoodsInfo FOR EACH ROW 表示每当 GoodsInfo 表中的记录发生变化时都会触发该触发器；触发器的执行体是向 StockInfo 表添加信息；new.GoodsID 表示 GoodsInfo 表中新增的 GoodsID。

2. 查看自动添加库存信息触发器

接下来，使用 SHOW TRIGGERS 语句查看当前数据库中已经存在的触发器，具体的 SQL 语句和执行结果如图 6-2 所示。

图 6-2

在上述执行结果中，Trigger 表示触发器的名称，Event 表示激活触发器的操作类型，Table 表示存储触发器的数据表，Statement 表示触发器激活时执行的语句，Timing 表示触发器的触发时机。此外，还显示了创建触发器的日期和时间、触发器执行时有效的 SQL 模式，以及创建触发器的账户信息等。

3. 触发自动添加库存信息触发器

根据需求，需要向 GoodsInfo 表添加一条数据信息，并在添加操作后查看 StockInfo 表中的信息，以验证触发器是否触发，具体的 SQL 语句和执行结果如图 6-3 所示。

图 6-3

从执行结果可以看出，向 GoodsInfo 表添加一条数据信息后，数据表 StockInfo 中新增了一条信息，该信息的 GoodsID 与 GoodsInfo 表中刚刚新增的商品信息的 GoodsID 是一致的。由此可知，对 GoodsInfo 表执行新增操作后，触发了触发器 tri1。

4. 删除自动添加库存信息触发器

前面创建的 tri1 触发器在系统正式上线后，就不再需要了，此时可以删除该触发器，具体的 SQL 语句和执行结果如图 6-4 所示。

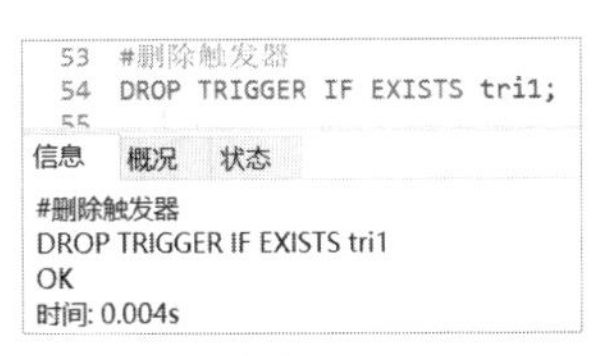

图 6-4

从执行结果可以看出，删除语句执行成功，此时再次查看触发器 tri1 的信息，执行结果如图 6-5 所示。

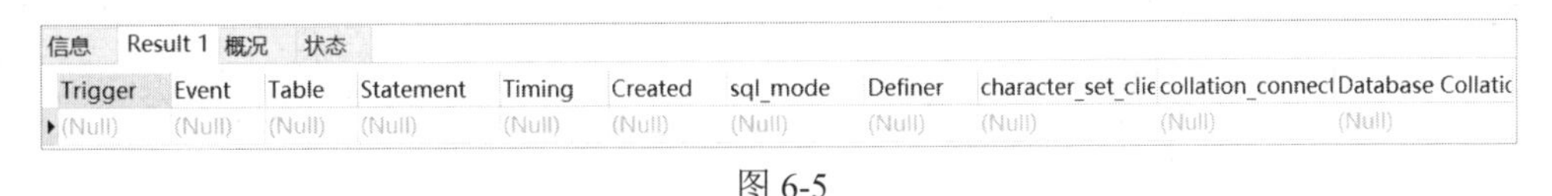

图 6-5

从执行结果可以看出，成功地删除了触发器 tri1。除了使用 DROP TRIGGER 语句删除触发器外，当删除与触发器关联的数据表时，触发器也会被删除。

任务二 使用 INSERT 触发器自动减少库存

任务描述

在前面触发器基本操作中，我们已经使用了 INSERT 触发器。在本节中，我们将 INSERT 触发器结合其他功能一起使用。本节任务是解决前面问题引入中的库存问题，即当向订单信息表中添加订单信息时，如何自动减少该商品的库存量。

任务实施

1. 使用 AFTER 触发器自动减少库存

在添加订单时，自动减少库存，具体的 SQL 语句如下所示。

```
CREATE TRIGGER tri2
AFTER INSERT ON OrderInfo
FOR EACH ROW
UPDATE StockInfo SET StockAmount=StockAmount-NEW.SaleAmount WHERE
GoodsID=NEW.GoodsID;
```

在上述语句中，创建的触发器名称为 tri2；根据需求，触发器的执行时机为 AFTER；触发器的触发事件是 INSERT；ON OrderInfo FOR EACH ROW 表示每当 OrderInfo 表中的记录发生变化时都会触发该触发器；触发器的执行体是修改 StockInfo 表中的库存数量，NEW.SaleAmount 表示 OrderInfo 表中新增订单的订购数量；NEW.GoodsID 表示 OrderInfo 表中新增订单的商品编号。

触发器 tri2 创建成功后，根据需求，需要向 OrderInfo 表添加一条数据信息，并在添加操作后查看 StockInfo 表中该商品的库存量，以验证库存量是否自动减少，具体的 SQL 语句和执行结果如图 6-6 所示。

图 6-6

从执行结果可以看出，向订单信息表中添加一条订单信息后，库存信息表中该商品的库存数量自动减少，并且和新增订单信息中的订购数量是一致的。

2. 使用 BEFORE 触发器判断购买数量

在前面的案例中，触发器的执行时机都是 AFTER，下面来看执行时机为 BEFORE 的触发器的应用方法。通常，在下订单时，购买数量是不能大于库存数量的，因此在下订单之前就要判断购买数量是否大于库存数量，如果大于，那么所能购买的商品数量最多就是库存数量。实现此功能的 SQL 语句如下所示。

```
DELIMITER //
CREATE TRIGGER tri3
BEFORE INSERT ON OrderInfo
FOR EACH ROW
BEGIN
    SELECT StockAmount INTO @temp_num FROM StockInfo WHERE GoodsID=NEW.GoodsID;
    IF NEW.SaleAmount > @temp_num THEN
            # 把库存数量赋给变量 temp_num
            SET NEW.SaleAmount=@temp_num;
            # 更新库存数量
        UPDATE StockInfo SET StockAmount=StockAmount-NEW.SaleAmount WHERE
            GoodsID=NEW.GoodsID;
    END IF;
END //
DELIMITER ;
```

在上述语句中，创建的触发器名称为 tri3；根据需求，触发器的执行时机为 BEFORE；触发器的触发事件是 INSERT；由于该功能中使用了判断语句，因此放在了 BEGIN...END 中，先从 StockInfo 表中查询出该商品的库存数量并赋给变量 temp_num，然后判断购买数量和库存数量，如果购买数量超过库存数量，则设置购买数量为库存数量，然后更新库存数量。

触发器 tri3 创建成功后，需要向 OrderInfo 表添加一条数据信息，并在添加操作后查看 StockInfo 表中该商品的库存量，具体的 SQL 语句和执行结果如图 6-7 所示。

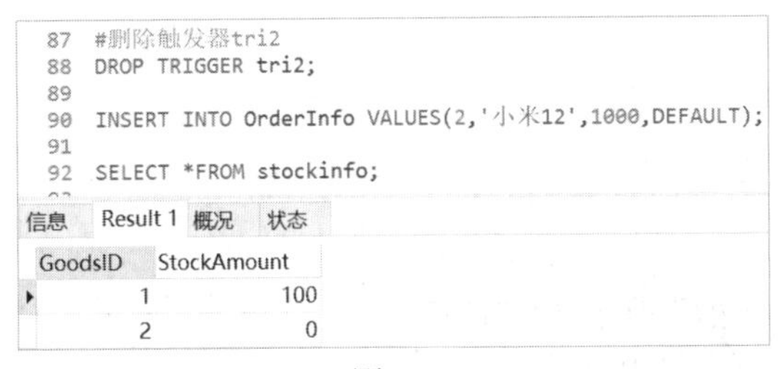

```
87  #删除触发器tri2
88  DROP TRIGGER tri2;
89
90  INSERT INTO OrderInfo VALUES(2,'小米12',1000,DEFAULT);
91
92  SELECT *FROM stockinfo;
```

信息　Result 1　概况　状态

GoodsID	StockAmount
1	100
2	0

图 6-7

从执行结果可以看出，在订单信息表中，当新增的购买数量大于库存数量时，购买数量为库存数量，最后库存为 0。此处需要特别注意，在执行该触发器之前，一定要删除 tri2 触发器，否则库存数量会有误。

接下来，打开订单信息表，查看订单中的购买数量是否为库存数量，具体的 SQL 语句和执行结果如图 6-8 所示。

GoodsID	GoodsName	SaleAmount	OrderDate
1	华为Mate 10	1	2023-06-05 08:2
2	小米12	2	2023-06-05 16:5
2	小米12	998	2023-06-05 18:1

图 6-8

总的来说，使用 INSERT 触发器可以对数据操作进行更加精确的控制，提高数据的安全性和一致性。在创建 INSERT 触发器时，需要根据实际需求来确定触发器的执行时机和触发事件。

任务三　使用 UPDATE 触发器自动更新库存

任务描述

在更新一条订单信息的购买数量时，需要将该订单对应的库存数量也一同更新，此时就可以使用 UPDATE 触发器来处理。MySQL 中的 UPDATE 触发器一般用于对数据进行处理和约束，能够在数据更新时完成相应的业务逻辑。本节任务是使用 UPDATE 触发器更新库存。

任务实施

当更新订单的购买数量时，自动更新该订单对应的库存数量，具体的 SQL 语句如下所示。

```
# 更新订单的购买数量
DELIMITER //
CREATE TRIGGER tri4
BEFORE UPDATE ON OrderInfo
FOR EACH ROW
BEGIN
    SELECT StockAmount INTO @temp_num FROM StockInfo WHERE GoodsID=OLD.GoodsID;
    IF NEW.SaleAmount <= @temp_num THEN
        # 更新库存数量
        UPDATE StockInfo SET StockAmount=StockAmount-NEW.SaleAmount WHERE GoodsID=
                OLD.GoodsID;
    END IF;
END //
DELIMITER ;
```

在上述语句中，创建的触发器名称为 tri4；根据需求，触发器的执行时机为 BEFORE；触发器的触发事件是 UPDATE；先从 StockInfo 表中查询出该商品的库存数量并赋给变量 temp_num，然后判断购买数量和库存数量，如果购买数量小于或等于库存数量，则更新库存数量。

触发器 tri4 创建成功后，更新 OrderInfo 表中商品编号为 1 的购买数量，并在更新操作后查看 StockInfo 表中该商品的库存数量，具体的 SQL 语句和执行结果如图 6-9 所示。

```
113  #更新购买数量
114  UPDATE OrderInfo SET SaleAmount=5 WHERE GoodsID=1;
115
116  SELECT *FROM stockinfo;
```

信息　Result 1　Result 2　概况　状态

GoodsID	StockAmount
1	95
2	0

图 6-9

从执行结果可以看出，在订单信息表中更新购买数量时，只要购买数量小于或等于库存数量，对应的库存数量就会随之更新。

接下来，打开订单信息表，查看更新后的订单信息表中的购买数量是否已更新，具体的 SQL 语句和执行结果如图 6-10 所示。

```
117  SELECT *FROM orderinfo;
```

信息　Result 1　概况　状态

GoodsID	GoodsName	SaleAmount	OrderDate
1	华为Mate 10	5	2023-06-05 08:2
2	小米12	2	2023-06-05 16:5
2	小米12	998	2023-06-05 18:1

图 6-10

从执行结果可以看出，订单信息表中该订单的购买数量已更新为 5，证明触发器触发成功。

需要注意的是，在使用 UPDATE 触发器时，需要考虑数据的一致性和可靠性。触发器的操作语句可以更新数据，如果不谨慎使用，可能会导致数据逻辑错误或数据丢失等。

任务四　使用 DELETE 触发器实现自动删除

任务描述

在删除一条商品信息时，需要将该商品对应的库存信息、订单信息等一同删除，这时就可以使用 DELETE 触发器来处理。DELETE 触发器用于在删除数据之前进行一些自定义操作，如强制要求在某些情况下必须删除指定的行、删除行时将相关的数据一并删除等。本节任务是使用 DELETE 触发器实现自动删除。

任务实施

在删除商品时，自动删除该商品的库存信息和订单信息，具体的 SQL 语句如下所示。

```
# 删除商品信息及其对应的库存信息和订单信息
DELIMITER //
CREATE TRIGGER tri5
BEFORE DELETE ON GoodsInfo
FOR EACH ROW
BEGIN
DELETE FROM StockInfo WHERE GoodsID=OLD.GoodsID;
DELETE FROM OrderInfo WHERE GoodsID=OLD.GoodsID;
END //
DELIMITER ;
```

在上述语句中，创建的触发器名称为 tri5；根据需求，触发器的执行时机为 BEFORE，需要先删除外键表信息；触发器的触发事件是 DELETE；触发器的执行体中依次删除库存信息、订单信息。

触发器 tri5 创建成功后，删除 GoodsInfo 表中商品编号为 2 的商品，并在删除操作后查看 StockInfo 表和 OrderInfo 表中是否还有该商品的信息，具体的 SQL 语句和执行结果如图 6-11 所示。

图 6-11

从执行结果可以看出，删除 GoodsInfo 表中的一条商品信息后，StockInfo 表和 OrderInfo 表中该商品的信息也被删除了。由此可知，对 GoodsInfo 表执行删除操作后，触发了触发器 tri5。

需要注意的是，DELETE 触发器也可能会带来一些潜在的问题和风险。例如，如果没有正确处理好关联数据的删除，就有可能导致数据的丢失或错误。因此，在使用 DELETE 触发器时，要避免过于复杂或较为危险的操作。

思政讲堂

大力弘扬科学家精神

党的二十大报告强调，广泛践行社会主义核心价值观。深入推进社会主义核心价值观融入社会发展各个方面，尤其是科技强国事业之中，是广泛践行社会主义核心价值观的题中之义。在科技领域践行社会主义核心价值观，需要大力弘扬科学家精神。科学家精神在思想渊源、内涵特征、价值目标上都与社会主义核心价值观一脉相承，是对社会主义核心价值观的丰富和扩展，是社会主义核心价值观在科学事业中的具体体现与生动诠释。

从思想渊源上看，科学家精神与社会主义核心价值观都继承了中华优秀传统文化。社会主义核心价值观对中华优秀传统文化进行了精髓提炼与创造转化，科学家精神则延续了中国古代科学家的经世致用的务实精神、敢为人先的创新精神、宁静致远的“冷板凳”精神。

从内涵特征上看，科学家精神与社会主义核心价值观都凸显了胸怀国家、敬业奉献的崇高品格，都反映了实事求是、团结进取精神。近些年以黄大年为代表的一批科学家回国助力中国的科技事业，则是社会主义核心价值观敬业、诚信、友善在科学领域的具体表达。

从价值目标上看，科学家精神与社会主义核心价值观都体现了中国共产党人的初心和使命。中国共产党在伟大实践中提炼的社会主义核心价值观蕴含了人民怎样才能幸福、民族怎样才能复兴的答案。

因此，科学家精神与社会主义核心价值观同质相联、高度一致，都蕴含全面建成社会主义现代化强国、实现中国共产党初心和使命的宏伟目标。新征程上广泛践行社会主义核心价值观，更需要大力弘扬科学家精神凝聚磅礴伟力、提供价值指引、树立正确榜样。

当今世界，科技竞争空前激烈，新一轮科技革命和产业革命正在重构全球创新版图、重塑全球经济结构。科学技术与经济社会发展加速渗透融合，科学技术从来没有像今天这样深刻影响着国家命运与人民生活福祉。科技是国家强盛之基，创新是民族进步之魂。现代化强国建设新征程中，需要科学家继续发扬“勇攀高峰、敢为人先”的精神，加强原创性，牢牢把握核心技术，变“卡脖子”为“杀手锏”，保障国家经济、国防安全；需要继续发扬“追求真理、严谨治学”的求实精神，大胆质疑、小心求证，探求真理、指导实践，面向国家需要、人民需要铸造一件件护国利器、强国重器，并以科技带动社会经济发展水平跃升，全面建成社会主义现代化强国。

总之，广泛践行社会主义核心价值观是凝魂聚气、强国固本的基础工程，离不开科学家精神的弘扬。新征程上，一方面要号召科学工作者发扬“两弹一星”精神、北斗精神、载人航天精神等，鼓舞科学工作者勇攀科学高峰，为建设社会主义科技强国汇聚磅礴力量；另一方面用科学家精神感召国人，培养堪当民族复兴大任的时代新人。

单元小结

- 触发器是一种特殊的存储过程，它会在对指定表进行添加、更新或删除操作时自动触发。
- 触发器的执行时机，可以设置为 BEFORE 或 AFTER。BEFORE 表示在触发事件之前执行触发器，AFTER 表示在触发事件之后执行触发器。
- 触发器的触发事件，可以设置为 INSERT、UPDATE 或 DELETE。
- 触发器的执行体中可以使用 NEW 和 OLD 关键字来访问触发事件前和触发事件后的数据。

单元自测

一、选择题

1. 下列关于触发器的说法，正确的是(　　)。

   A. 一个用于插入数据的语句

   B. 一个用于更新数据的语句

   C. 一个用于删除数据的语句

   D. 当某个表的数据发生更改时自动执行的一段程序

2. 下列选项中，(　　)语句不能作为触发器的条件。

   A. SELECT　　B. UPDATE

   C. INSERT　　D. DELETE

3. 下列删除触发器的语法正确的是(　　)。

   A. DROP 触发器名;　　B. ALTER TRIGGER 触发器名;

   C. DROP TRIGGER 触发器名;　　D. DELETE TRIGGER 触发器名;

4. 在 MySQL 中，触发器的执行时机可以设置为(　　)。

A. BEFORE　　B. INSERT

C. UPDATE　　D. AFTER

5. 在创建触发器时，需要给出的条件信息有(　　)。

A. 唯一的触发器名

B. 存储触发器关联的表

C. 触发器应该响应的活动(DELETE、INSERT 或 UPDATE)

D. 触发器何时执行(处理之前或之后)

二、问答题

1. 描述 MySQL 中触发器的定义及特点。
2. 触发器的基本操作有哪些？对应的语法是什么？
3. 谈一谈对触发器中 OLD 和 NEW 这两个关键字的理解。

三、上机题

根据员工表 emp(见表 2-2)和部门表 dept(见表 2-3)完成以下要求。

(1) 使用触发器实现，新增部门，并将刚入职的员工分配在该部门。

(2) 使用触发器实现，当员工入职时间超过 1 年时，加薪 1000 元。

(3) 使用触发器实现，当删除某个部门时，一并删除该部门下的所有员工。

(4) 使用触发器实现，删除员工后，自动将删除的员工信息添加到其他数据表中。

学习笔记

提高MySQL数据库性能

课程目标

技能目标

❖ 了解什么是优化

❖ 掌握优化查询的方法

❖ 掌握优化数据库结构的方法

❖ 掌握优化 MySQL 服务器的方法

素质目标

❖ 德智体美劳全面发展

❖ 自强不息、大国工匠

❖ 育人为本、德育先行

简介

在大型企业级系统中，随着数据的增长，查询数据的时间也会相应增加，为了提高用户体验，确保数据查询更快、更准，需要进行MySQL性能优化。MySQL性能优化就是通过合理安排资源、调整系统参数使MySQL运行更快、更节省资源。MySQL性能优化包括查询速度优化、数据库结构优化、MySQL服务器优化等。

MySQL性能优化技术可以有效提高数据库性能，但必须确保它们是合法的，并遵守正确的伦理和道德规范，提高技术和道德素质，更好地发展技术并推动社会进步。

任务一 了解优化 MySQL 数据库的方法

任务描述

优化 MySQL 数据库是数据库管理员和数据库开发人员的必备技能。MySQL 优化，一方面需要找出系统的瓶颈，提高 MySQL 数据库整体的性能；另一方面需要进行合理的结构设计和参数调整，以提高用户操作响应速度。此外，还要尽可能地节省系统资源，以便系统提供更大负荷的服务。MySQL 性能优化的目的是最大限度地提高数据库性能，使其能够处理更多的查询和事务，以满足快速增长的数据需求。

总之，进行 MySQL 性能优化是非常有必要的，它可以提高数据库的效率和稳定性，减少硬件成本，提高用户体验和生产力。本节任务是了解优化 MySQL 数据库的方法。

任务实施

1. 优化概述

优化是一个广泛的概念，它涉及多个领域和方面，旨在提高系统、过程或产品的效率、性能和质量。在数据库领域，优化通常指的是通过一系列技术和策略来提高数据库的性能、稳定性和响应速度，以满足不断增长的数据处理和查询需求。

数据库优化是一个复杂而重要的过程，它需要根据具体的情况和需求，综合考虑多个方面和因素，以达到最佳的性能和稳定性。此外，优化还是一个持续的过程，需要定期检查和调整，以适应不断变化的数据和业务需求。

2. 查询性能参数

优化与查询性能参数之间存在密切的关联。优化数据库的过程中往往需要调整或改进各种性能参数，以提升数据库的性能和响应速度。

在 MySQL 中，可以使用 SHOW STATUS 语句查询所有状态变量，该语句将返回一个包含当前 MySQL 服务器状态的表格，其中包含许多列和行。SHOW STATUS 语句的基本语法格式如下所示。

```
SHOW STATUS [LIKE 'value'];
```

其中，LIKE 'value'是可选的，如果指定了 LIKE 'value'，那么只有名称与 value 模式匹配的状态变量才会被返回。一些常用的状态变量如下所示。

- Connections：连接 MySQL 服务器的次数。
- Uptime：MySQL 服务器的上线时间。
- Slow_queries：慢查询的次数。
- Com_select：查询操作的次数。
- Com_insert：插入操作的次数。
- Com_update：更新操作的次数。
- Com_delete：删除操作的次数。
- innodb_rows_read：执行 select 操作返回的行数。
- innodb_rows_inserted：执行 insert 操作插入的行数。
- innodb_rows_updated：执行 update 操作更新的行数。
- innodb_rows_deleted：执行 delete 操作删除的行数。

以上状态变量只是一小部分，SHOW STATUS 返回的结果集中包含许多其他状态变量。这些状态变量提供有关 MySQL 服务器各种活动的信息，可用于分析和调整 MySQL 服务器性能。

查询 MySQL 服务器的连接次数，具体的 SQL 语句如下所示。

```
# 连接 MySQL 服务器的次数
SHOW STATUS LIKE 'Connections';
```

执行结果如图 7-1 所示。

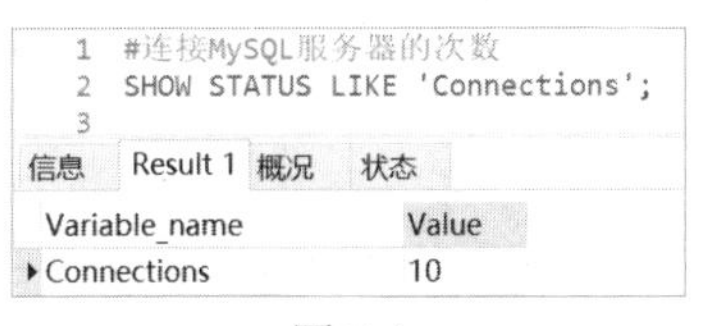

图 7-1

查询 MySQL 服务器的上线时间，具体的 SQL 语句和执行结果如图 7-2 所示。

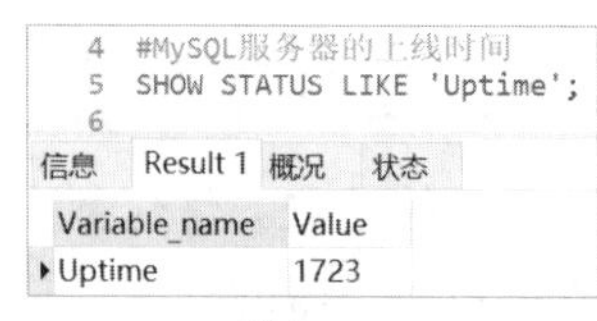

图 7-2

查询其他参数的方法与上述查询方法相同。慢查询次数参数可以结合慢查询日志，先找出慢查询语句，然后针对慢查询语句进行表结构优化或查询语句优化。

总之，在配置 MySQL 服务器时，应根据实际需求和实际资源进行 MySQL 性能参数的调整和优化，以最大限度地提高数据库性能和响应速度。同时，可以使用 MySQLTuner 等工具来检查和优化 MySQL 性能参数设置。

任务二 通过优化查询提高性能

任务描述

在 MySQL 中，查询是最频繁的操作，提高查询速度可以有效地提高 MySQL 数据库的性能。本节任务是尝试通过优化查询提高 MySQL 数据库性能。

知识学习

通过对查询语句的分析，可以了解查询语句的执行情况，找出查询语句执行的瓶颈，从而优化查询语句。MySQL 中提供了 EXPLAIN 语句，用来分析查询语句，其基本语法格式如下所示。

```
EXPLAIN SELECT select_options;
```

在上述语法格式中，EXPLAIN 是关键字，表示用来分析查询；select_options 是 SELECT 语句的查询选项，包括 FROM WHERE 子句等。执行该语句，不仅可以分析出 EXPLAIN 后面的 SELECT 语句的执行情况，还可以分析出所查询的表的一些特征。

使用 EXPLAIN 语句分析查询所有学生信息，具体的 SQL 语句及执行结果如图 7-3 所示。

```
24 #分析查询语句
25 EXPLAIN SELECT *FROM stuinfo;
26
```

信息 Result 1 概况 状态

id	select_type	table	partitions	type	possible_keys	key	key_len	ref	rows	filtered	Extra
1	SIMPLE	stuinfo	(Null)	ALL	(Null)	(Null)	(Null)	(Null)	5	100	(Null)

图 7-3

从执行结果可以看出，执行该语句时，MySQL 会返回查询语句的执行计划信息，下面对查询结果进行解释。

- id：编号，表示查询中的不同步骤，编号相同的步骤可以合并完成。
- select_type：表示查询类型，如简单查询(SIMPLE)、联合查询(UNION)、子查询(SUBQUERY)等。
- table：表示涉及的表格，如果有多个表格，则可能有多个行。
- partitions：表示涉及的分区，如果没有则会显示 NULL。
- type：访问类型，如全表扫描(ALL)、使用索引扫描(index)、范围内查询(range)、参照另一张表格(ref)、相等查询(eq_ref)、使用系统常量的查询(system)等。
- possible_keys：可能会被使用的索引。
- key：实际被使用的索引。
- key_len：被使用的索引的长度。
- ref：用来比对 key 的参照内容。
- rows：估算出的需要检查的行数。
- filtered：结果的过滤百分比。
- Extra：关于查询的各种附加信息，如 Using filesort、Using temp 文件等。如果为空，表示没有任何额外信息。

接下来，通过案例对上述内容进行讲解。使用 EXPLAIN 语句分析查询院系编号为 1 的学生信息，并按学号降序排序，具体的 SQL 语句及执行结果如图 7-4 所示。

```
27  #分析查询院系编号为1的学生信息，并按学号降序排序
28  EXPLAIN SELECT *FROM stuinfo WHERE departId=1 ORDER BY stuId DESC;
29
```

信息　Result 1　概况　状态

id	select_type	table	partitions	type	possible_keys	key	key_len	ref	rows	filtered	Extra
1	SIMPLE	stuinfo	(Null)	ref	fk1	fk1	5	const	4	100	Backward index s

图 7-4

从执行结果可以看出，此时 type 为 ref，表示参照另一张表。院系编号为外键，因此需参照院系表编号。

下面是一个连接查询的案例。使用 EXPLAIN 语句分析查询学生信息及所在院系的名称，具体的 SQL 语句及执行结果如图 7-5 所示。

```
30  #分析查询学生信息，以及所在院系的名称
31  EXPLAIN SELECT s.*,d.departName FROM stuinfo s,department d WHERE s.departId=d.departId;
32
```

信息　Result 1　概况　状态

id	select_type	table	partitions	type	possible_keys	key	key_len	ref	rows	filtered	Extra
1	SIMPLE	s	(Null)	ALL	fk1	(Null)	(Null)	(Null)	5	100	Using where
1	SIMPLE	d	(Null)	eq_ref	PRIMARY	PRIMA	4	mysqldb	1	100	(Null)

图 7-5

从执行结果可以看出，此时 stuinfo 表的 type 为 ALL，表示查询所有；department 表的 type 为 eq_ref，表示相等查询。

通过 EXPLAIN 语句，可以深入理解和优化查询语句的性能和执行计划。在处理复杂的查询过程中，使用 EXPLAIN 语句是提高 MySQL 性能和优化查询语句的常用方式之一。

任务实施

1. 使用索引查询提高性能

在 MySQL 中，提高性能的一个最有效的方法就是在数据表中设计合理的索引。使用索引可以快速定位表中的某条记录，从而提高查询速度和数据库的性能。

如果查询时没有使用索引，那么查询语句将扫描表中的所有记录。在数据量大的情况下，这样查询的速度会很慢。如果使用索引进行查询，查询语句就可以根据索引快速定位到待查询记录，从而减少查询的记录数，达到提高查询速度的目的。

通过下面的案例体会在查询语句中不使用索引和使用索引的差别。在学生信息表中使用 EXPLAIN 语句查询名字是张三的学生信息，具体的 SQL 语句及执行结果如图 7-6 所示。

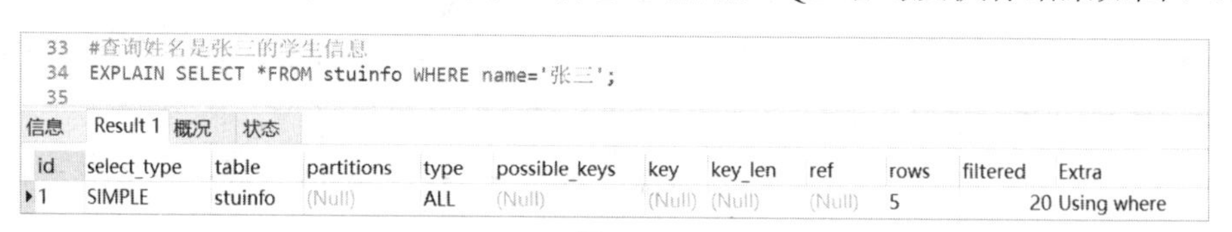

图 7-6

从执行结果可以看出，rows 的值是 5，说明语句“SELECT *FROM stuinfo WHERE name='张三';”扫描了表中的 5 条记录。

接下来，在 stuinfo 表的 name 字段上创建索引，具体的 SQL 语句如下所示。

```
# 在 stuinfo 表的 name 上创建索引
CREATE INDEX index_name ON stuinfo(name);
```

创建索引后，我们再使用 EXPLAIN 语句进行查询，具体的 SQL 语句及执行结果如图 7-7 所示。

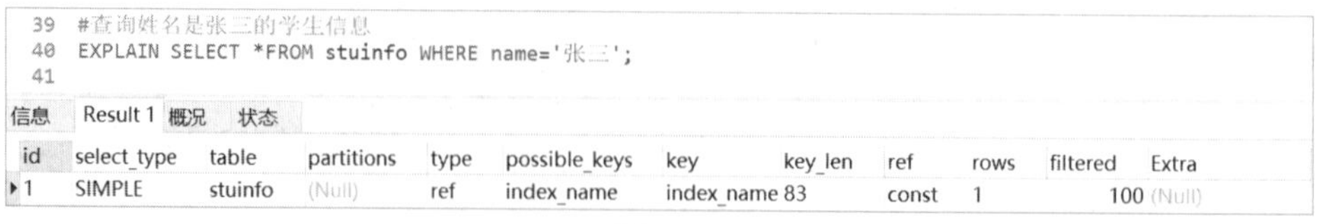

图 7-7

从执行结果可以看出，rows 的值为 1，表示查询语句只扫描了表中的一条记录，其查询速度自然比扫描所有记录要快。此外，possible_keys 和 key 的值都是 inde_name，说明查询时使用了 index_name 索引。

需要注意的是，在某些特殊情况下，使用带有索引的字段进行查询时，索引并不会起作用，接下来将介绍这几种特殊情况。

1) 使用 LIKE 关键字的查询语句

在使用 LIKE 关键字进行查询的语句中，如果匹配字符串的第一个字符为“%”，那么索引不会起作用。只有“%”不在第一个位置时，索引才会起作用。

例如，在学生信息表中，已知在 name 字段上有索引 index_name，现要查询名字中最后一个字是“张”的学生信息，此时匹配字符串的第一个字符为“%”，具体的 SQL 语句及执行结果如图 7-8 所示。

```
43  #查询名字中最后一个字是“张”的学生信息
44  EXPLAIN SELECT *FROM stuinfo WHERE name LIKE '%张';
45
```

信息　Result 1　概况　状态

id	select_type	table	partitions	type	possible_keys	key	key_len	ref	rows	filtered	Extra
1	SIMPLE	stuinfo	(Null)	ALL	(Null)	(Null)	(Null)	(Null)	6	16.67	Using where

图 7-8

从执行结果可以看出，rows 的值为 6，表示这次查询过程中扫描了表中所有的 6 条记录，说明该查询语句中的索引并没有起作用，这是因为该查询语句的 LIKE 关键字后的字符串以“%”开头。

在此案例基础上，查询姓“张”的学生信息，具体的 SQL 语句及执行结果如图 7-9 所示。

```
46  #查询姓“张”的学生信息
47  EXPLAIN SELECT *FROM stuinfo WHERE name LIKE '张%';
```

信息　Result 1　概况　状态

id	select_type	table	partitions	type	possible_keys	key	key_len	ref	rows	filtered	Extra
1	SIMPLE	stuinfo	(Null)	range	index_name	index_	183	(Null)	1	100	Using index cor

图 7-9

从执行结果可以看出，rows 的值为 1，表示这次查询过程中扫描了表中 1 条记录，说明该查询语句使用了索引 index_name。

2) 使用多列索引的查询语句

MySQL 可以为多个字段创建索引。一个索引可以包括 16 个字段。对于多列索引，只有查询条件中使用了这些字段中的第 1 个字段时，索引才会起作用。

例如，在学生信息表的 name 和 email 字段创建多列索引，便于验证多列索引的使用情况，其具体的 SQL 语句如下所示。

```
# 在 name 和 email 字段创建多列索引
CREATE INDEX index_name_email ON stuinfo(name,email);
```

根据学生名字查询学生信息，具体的 SQL 语句及执行结果如图 7-10 所示。

```
52 #查询名字叫毋童的学生信息
53 EXPLAIN SELECT *from stuinfo WHERE name='毋童';
```

信息 Result 1 概况 状态

id	select_type	table	partitions	type	possible_keys	key	key_len	ref	rows	filtered	Extra
1	SIMPLE	stuinfo	(Null)	ref	index_name,index_name_email	index_name	83	const	1	100	(Null)

图 7-10

从执行结果可以看出，rows 的值为 1，并使用了索引 index_name_email。

再根据学生邮箱查询学生信息，具体的 SQL 语句及执行结果如图 7-11 所示。

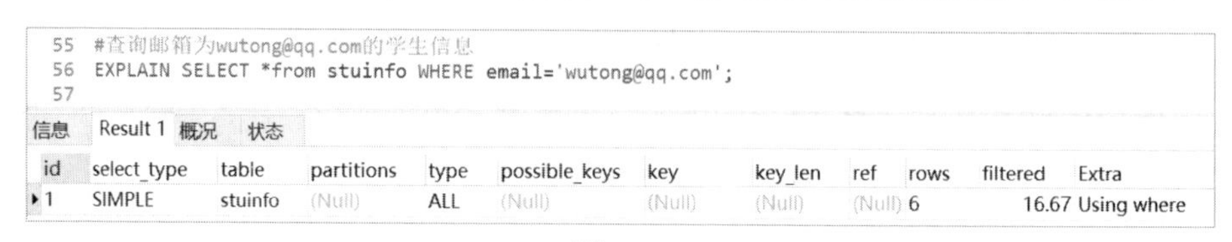

```
55 #查询邮箱为wutong@qq.com的学生信息
56 EXPLAIN SELECT *from stuinfo WHERE email='wutong@qq.com';
57
```

信息 Result 1 概况 状态

id	select_type	table	partitions	type	possible_keys	key	key_len	ref	rows	filtered	Extra
1	SIMPLE	stuinfo	(Null)	ALL	(Null)	(Null)	(Null)	(Null)	6	16.67	Using where

图 7-11

从执行结果可以看出，rows 的值是 6，说明查询语句共扫描了 6 条记录；key 的值为 NULL，说明该查询语句并没有使用索引，这是因为 email 字段是多列索引的第 2 个字段。只有查询条件中使用了第 1 个字段才会使 index_name_email 索引起作用。

3) 使用 OR 关键字的查询语句

只有当查询语句的查询条件中只有 OR 关键字，且 OR 前后的两个条件中的列都是索引时，查询中才使用索引；否则，查询中将不使用索引。

例如，根据学生姓名或地址查询学生信息，具体的 SQL 语句及执行结果如图 7-12 所示。

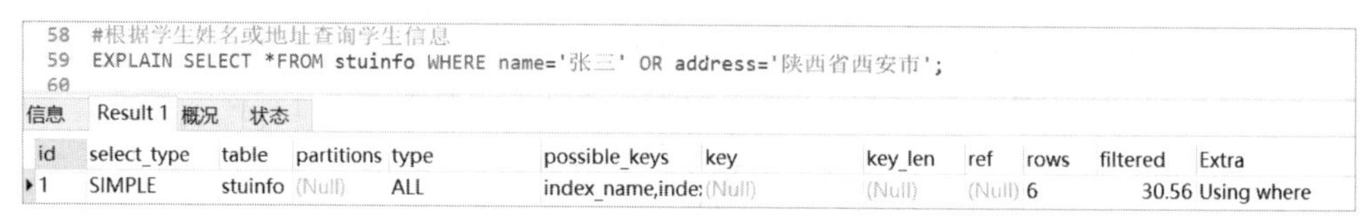

```
58 #根据学生姓名或地址查询学生信息
59 EXPLAIN SELECT *FROM stuinfo WHERE name='张三' OR address='陕西省西安市';
60
```

信息 Result 1 概况 状态

id	select_type	table	partitions	type	possible_keys	key	key_len	ref	rows	filtered	Extra
1	SIMPLE	stuinfo	(Null)	ALL	index_name,inde:	(Null)	(Null)	(Null)	6	30.56	Using where

图 7-12

从执行结果可以看出，共查询了 6 条记录，该查询语句并没有使用索引，这是因为 address 字段上没有索引。

根据学号或学生姓名查询学生信息，具体的 SQL 语句及执行结果如图 7-13 所示。

```
61 #根据学号或学生姓名查询学生信息
62 EXPLAIN SELECT *FROM stuinfo WHERE stuId=202302 OR name='张三';
63
```

信息 Result 1 概况 状态

id	select_type	table	partitions	type	possible_keys	key	key_len	ref	rows	filtered	Extra
1	SIMPLE	stuinfo	(Null)	index_merge	PRIMARY,index_r	PRIMARY,index_r	4,83	(Null)	2	100	Using union(PRIN

图 7-13

从执行结果可以看出，查询的记录数为 2，该查询语句使用了索引，这是因为 stuId 字段和 name 字段上都有索引。这里需要注意的是，stuId 是主键，使用的是主键索引。

2. 优化子查询提高性能

使用子查询可以进行 SELECT 语句的嵌套查询，即将一个 SELECT 查询的结果作为另一个 SELECT 语句的条件。子查询可以一次性完成很多逻辑上需要多个步骤才能完成的 SQL 操作。子查询虽然可以使查询语句很灵活，但执行效率不高。在执行子查询时，MySQL 需要为内层查询语句的查询结果建立一个临时表，外层查询语句从临时表中查询记录，查询完毕撤销这些临时表。因此，子查询的速度会受到一定的影响。如果查询的数据量比较大，这种影响就会随之增大。

现要查询成绩大于或等于 90 分的学生信息，使用子查询来实现，具体的 SQL 语句及执行结果如图 7-14 所示。

```
64 #子查询
65 EXPLAIN SELECT info.* FROM stuinfo info,(SELECT DISTINCT stuId FROM stuscore WHERE score>=90) score
66 WHERE info.stuId =score.stuId;
67
```

信息　Result 1　概况　状态

id	select_type	table	partitions	type	possible_keys	key	key_len	ref	rows	filtered	Extra
1	PRIMARY	<derived2>	(Null)	ALL	(Null)	(Null)	(Null)	(Null)	2	100	Using where
1	PRIMARY	info	(Null)	eq_ref	PRIMARY	PRIMARY	4	score.stuId	1	100	(Null)
2	DERIVED	stuscore	(Null)	index	stuId	stuId	5	(Null)	9	33.33	Using where

图 7-14

使用连接查询来实现，具体的 SQL 语句及执行结果如图 7-15 所示。

```
68 #连接查询
69 EXPLAIN SELECT DISTINCT info.* FROM stuinfo info JOIN stuscore ON info.stuId=stuscore.stuId AND stuscore.score>=90;
70
```

信息　Result 1　概况　状态

id	select_type	table	partitions	type	possible_keys	key	key_len	ref	rows	filtered	Extra
1	SIMPLE	stuscore	(Null)	ALL	stuId	(Null)	(Null)	(Null)	9	33.33	Using where; Usir
1	SIMPLE	info	(Null)	eq_ref	PRIMARY	PRIMARY	4	mysqldb.stuscore	1	100	(Null)

图 7-15

对比两个执行结果可以看出，子查询中有个 select_type 为 DERIVED，表示导出表的 SELECT(FROM 子句的子查询)，查询的是三张表的数据；连接查询的结果更加简洁，查询的是两张表的数据。从而得出，连接查询的速度更快，效率更高。总之，优化子查询的最佳方案是使用连接查询。

任务三　通过优化数据库结构提高性能

任务描述

一个好的数据库设计方案对于提高数据库的性能常常会起到事半功倍的效果。合理的数据库结构不仅可以使数据库占用更小的磁盘空间，还可以使查询速度更快。数据库的设计，需要考虑冗余、查询和更新的速度、字段的数据类型是否合理等方面的内容。本节任务是尝试通过优化数据库结构提高 MySQL 数据库性能。

任务实施

1. 通过拆分表提高性能

对于字段较多的表，如果有些字段的使用频率低，可以将这些字段拆分出来形成新表。因为当一个表的数据量很大时，会由于使用频率低的字段的存在而变慢。将一个字段较多的表分解成多个表称为“水平拆分”，这通常是为了提高数据库性能和可维护性。

为了执行水平拆分，可以将表中的字段分成多个子集，在不同的表中存储不同的子集。这些表通常都有相同的主键，以确保表中的数据呈现一致性。

假设现有一个包含很多列的用户表，如下所示。

```
CREATE TABLE users (
   id INT PRIMARY KEY,
   name VARCHAR(50),
   email VARCHAR(50),
   age INT,
   address VARCHAR(100),
   phone VARCHAR(20),
   ...
);
```

如果此表变得非常庞大，则可以考虑将它拆分为两个表：一个包含公共信息(ID、名称和电子邮件)，另一个包含专用信息(年龄、地址和电话号码)。

```
CREATE TABLE users_common (
   id INT PRIMARY KEY,
   name VARCHAR(50),
   email VARCHAR(50)
);

CREATE TABLE users_private (
   id INT PRIMARY KEY,
   age INT,
   address VARCHAR(100),
   phone VARCHAR(20)
);
```

在查询数据时，可以通过连接这两个表以获取完整的用户信息。查询所有用户的地址和电话号码，具体的 SQL 语句如下所示。

```
SELECT users_common.*, users_private.address, users_private.phone
```

```
FROM users_common
JOIN users_private
ON users_common.id = users_private.id;
```

通过拆分表可以提高表的查询效率，对于字段很多且有些字段不频繁使用的表，可以通过拆分的方式来优化数据库的性能。需要指出的是，拆分表是一种不可逆的操作，因此在拆分表之前需要非常小心。在拆分前应进行充分的测试，以确保数据的完整性和数据访问的效率。

2. 通过建立中间表提高性能

对于需要经常联合查询的表，可以建立中间表来提高查询效率。建立中间表后，把需要经常联合查询的数据插入中间表中，然后将原来的联合查询改为中间表的查询，以此来提高查询效率。

在 MySQL 中，中间表(也称为连接表)通常用于连接两个表，或者在多对多关系中保存数据。建立中间表可以处理不同实体之间的复杂关系。

当两个实体之间存在多对多的关系时，即一个实体可以对应多个其他实体，并且该实体也可以被多个其他实体所引用，则需要创建一个中间表来记录两个实体之间的关系。

例如，在一个电商系统中，一个商品可以对应多个订单，同时一个订单也可以对应多个商品，具体的 SQL 语句如下所示。

```
CREATE TABLE orders (
  order_id INT PRIMARY KEY AUTO_INCREMENT,
  customer_id INT NOT NULL,
  order_date DATE NOT NULL,
  total_price DECIMAL(10,2) NOT NULL,
  FOREIGN KEY (customer_id) REFERENCES customers (customer_id)
);

CREATE TABLE items (
  item_id INT PRIMARY KEY AUTO_INCREMENT,
  item_name VARCHAR(50) NOT NULL,
  price DECIMAL(10,2) NOT NULL
);
```

此时，可以创建一个订单商品表作为两个表的中间表，用于记录订单与商品之间的关系。中间表通常包含两个主要字段，一个字段存储第一个实体的 ID，另一个字段存储第二个实体的 ID。例如，如果要表示订单和商品之间的关系，则可以创建一个名为 order_items 的表，用于存储订购商品的订单信息，该表可以包含以下字段。

```
CREATE TABLE order_items (
  order_id INT,
```

```
    item_id INT,
    quantity INT,
    PRIMARY KEY (order_id, item_id),
    FOREIGN KEY (order_id) REFERENCES orders(order_id),
    FOREIGN KEY (item_id) REFERENCES items(item_id)
);
```

在此示例中，表 order_items 由两个外键引用表 orders 和表 items，这样就可以跟踪哪些商品已经被订购。

在查询数据时，可以使用 JOIN 将中间表与相关的表连接起来。例如，查看顾客 Bob 购买的所有商品，具体的 SQL 语句如下所示。

```
SELECT items.item_name, order_items.quantity
FROM items
JOIN order_items ON items.item_id = order_items.item_id
JOIN orders ON order_items.order_id = orders.order_id
JOIN customers ON orders.customer_id = customers.customer_id
WHERE customers.customer_name = 'Bob';
```

在此示例中，中间表 order_items 连接了表 items 和表 orders，然后使用 WHERE 子句根据顾客姓名(Bob)进行筛选。

3. 通过增加冗余字段提高性能

在设计数据表时应尽量遵循范式理论的规定，尽可能减少冗余字段，使数据库设计看起来精致、优雅。然而，合理地加入冗余字段可以提高查询速度。在 MySQL 中，增加冗余字段确实可以提高查询效率，但这并不是性能优化的唯一方法，具体方法还需根据实际情况进行选择。

增加冗余字段的优点是可以减少表之间的连接，从而提高查询效率。例如，如果一个订单表需要展示订单总价、商品名称和价格，而商品表和订单表存储在不同的表中，那么为了获取每个订单的总价，需要连接两个表进行查询。如果将商品名称和价格冗余到订单表中，则可以避免连接两个表，从而提高查询效率。

但增加冗余字段也存在一些缺点。例如，当数据更新时，冗余字段的值也需要进行更新，这可能会降低数据更新的效率。此外，冗余字段可能会导致数据冗余和不一致性，需要采用措施保持冗余字段的准确性。

因此，在增加冗余字段之前，需要对数据进行仔细分析，确定哪些字段需要冗余，并寻找增加冗余字段所带来的性能提升与维护成本的平衡。如果决定增加冗余字段，还需要采取措施保证冗余字段值的准确性，如使用触发器、定期更新冗余字段的值等。同时，也需要注意冗余字段变更对应用程序的影响，保证应用程序与数据库之间的一致性。

4. 通过优化插入记录的速度提高性能

插入记录时，影响插入速度的主要是索引、唯一性检查、一次插入记录条数等。针对这些情况，可以分别进行优化。优化插入记录的速度是 MySQL 性能优化的一个重要方面，特别是在需要大量写入数据的场景下，如数据仓库、日志分析等。

MySQL 数据库支持多种不同的存储引擎，每种引擎都有其自己的特性和适用场景。下面是几种常见的 MySQL 存储引擎及其特性介绍。

(1) MyISAM 引擎。

- 非事务性引擎，适用于读密集型应用。
- 不支持行级锁，在高并发写入的情况下性能相对较低。
- 支持全文索引和表级锁。
- 不支持事务和外键约束。

(2) InnoDB 引擎。

- 事务性引擎，支持行级锁，适用于具有复杂的事务要求和并发写入的应用。
- 具备较高的数据一致性和可靠性，支持崩溃恢复和故障恢复。
- 支持外键约束和自动增长列。
- 支持热备份，即在线备份和恢复。

(3) MEMORY 引擎。

- 将表存储在内存中，因此读写速度非常快。
- 只支持表级锁，不支持事务、持久性和崩溃恢复。
- 适用于临时表、缓存和高速数据处理等场景。

根据具体的应用需求和性能要求选择合适的存储引擎是非常重要的。一般来说，对于事务性应用和并发写入较多的场景，推荐使用 InnoDB 引擎；对于读密集型应用，可以考虑 MyISAM 引擎；而对于需要高速读写和临时数据存储的场景，可以选择 MEMORY 引擎。

现在的 MySQL 版本默认的引擎是 InnoDB 引擎。对于 InnoDB 引擎下的表，常见的优化方法如下。

1) 禁用索引

对于非空表，插入记录时，MySQL 会根据表的索引对插入的记录建立索引。如果插入大量数据，建立索引就会降低插入记录的速度。为了解决这种情况，可以在插入记录之前禁用索引，数据插入完毕后再开启索引。禁用索引的语句如下所示。

```
ALTER TABLE table_name DISABLE KEYS;
```

其中，table_name 是禁用索引的表的表名。

重新开启索引的语句如下所示。

```
ALTER TABLE table_name ENABLE KEYS;
```

需要注意的是，禁用索引可能导致查询效率降低，应该根据具体场景进行权衡。一般来说，在插入或更新大量数据时先禁用索引，可以减少索引维护带来的开销，然后再重新启用索引。

2) 禁用唯一性检查

插入数据时，MySQL 会对插入的记录进行唯一性校验。这种唯一性校验也会降低插入记录的速度。为了解决这种情况，可以在插入记录之前禁用唯一性检查，记录插入完毕后再开启。

禁用唯一性检查的语句如下所示。

```
SET unique_checks = 0;
```

执行该语句之后，插入数据时不会进行唯一性检查，提高了插入数据的速度。需要注意的是，禁用唯一性检查可能导致数据的唯一性出现问题，因此在完成数据插入之后，要重新启用唯一性检查。

启用唯一性检查的语句如下所示。

```
SET unique_checks = 1;
```

默认情况下，InnoDB 引擎下的表的唯一性检查是开启的。因此，在插入数据时，会检查数据是否违反表定义的唯一性条件。如果违反，则会抛出错误。

3) 使用批量插入

插入多条记录时，可以使用 INSERT INTO 语句一次只插入一条记录，执行多个 INSERT INTO 语句来插入多条记录，也可以使用 INSERT INTO 语句一次插入多条记录。使用 INSERT INTO 语句一次插入多条记录的情形如下所示。

```
INSERT INTO stuinfo VALUES
(202330,'XX1','女','13345677701','xx1@qq.com','陕西西安',1),
(202331,'XX2','男','13345677702','xx2@qq.com','陕西西安',1),
(202332,'XX3','女','13345677703','xx2@qq.com','陕西西安',1);
```

使用 INSERT INTO 语句一次插入多条记录速度要更快一些。

4) 禁止自动提交

插入数据之前禁止事务的自动提交，数据导入完成之后，执行恢复自动提交操作。禁止自动提交的语句如下所示。

```
SET autocommit = 0;
```

该语句将禁止事务的自动提交，并将事务设置为手动提交。此时，需要使用 COMMIT 命令来提交事务。

如果需要将事务设置为自动提交，则可以使用以下语句。

```
SET autocommit = 1;
```

在默认情况下，InnoDB 引擎下的表的自动提交是开启的。也就是说，每一条 SQL 语句都会自动开启一个事务，并自动提交事务。但是，如果需要执行多条 SQL 语句，可以使用事务来保证它们的原子性，此时需要禁止自动提交，然后使用 BEGIN 或 START TRANSACTION 命令开启一个事务，再使用 COMMIT 或 ROLLBACK 命令提交或回滚事务。

除了以上常见的优化数据库结构的方法之外，还有一些其他优化思路，如缓存、分片等。在实际应用中，需要根据具体情况，综合考虑各种因素，选择适当的优化方法。

任务四　通过优化 MySQL 服务器提高性能

任务描述

优化 MySQL 服务器主要从两方面入手：一方面是对服务器的硬件进行优化，另一方面是对服务器的参数进行优化。由于执行该操作需要具备较全面的专业知识，一般只有专业的数据库管理员才能进行这一类的优化。对于可以定制参数的操作系统，也可以针对 MySQL 进行操作系统优化。本节任务是尝试通过优化 MySQL 服务器提高 MySQL 数据库性能。

任务实施

1. 优化 MySQL 服务器硬件

MySQL 服务器的硬件性能直接决定着 MySQL 数据库的性能。硬件的性能瓶颈直接决定了 MySQL 数据库的运行速度和效率。针对性能瓶颈，提高硬件配置，可以提高 MySQL 数据库的查询速度、更新速度。

优化 MySQL 服务器硬件通常从以下几方面入手。

(1) CPU。CPU 是计算机的核心组件之一，在 MySQL 中也非常重要。如果 MySQL 服务器的 CPU 性能不足，那么其处理效率肯定会受到影响。因此，选择高性能的 CPU 对于 MySQL 服务器的性能优化至关重要。建议选用高性能、多核心的 CPU，以提高 MySQL 服务器的并发处理能力。

(2) 内存。内存是 MySQL 服务器的临时存储空间，MySQL 服务器的缓存机制会将常用数据存储在内存中。因此，内存容量越大，在 MySQL 服务器中处理数据的速度就会越快。建议将 MySQL 服务器的内存缓存设置为适当的值，并确保服务器有足够的内存容量。

(3) 存储设备。MySQL 服务器的存储设备对数据库性能有着非常重要的影响，因为它直接影响数据的读取和写入速度。选择高性能的磁盘(如 SSD)，可以显著提升数据库性能。此外，在高并发情况下，建议使用 RAID(redundant arrays of independent disks，独立磁盘冗余阵列)技术(如 RAID 0、RAID 1 或 RAID 10)来提高存储系统的吞吐量和容错性。

(4) 网络。MySQL 服务器的网络连接也会影响服务器的可用性和响应速度。建议使用高性能的网络设备和高速网络(如千兆以太网)，以确保 MySQL 服务器能够支持大量并发连接。

需要注意的是，硬件优化仅仅是 MySQL 服务器优化的一部分，需要结合其他方式进行综合优化。此外，硬件优化通常是一项投入较高的工作，需要根据实际情况来合理配置。

2. 优化 MySQL 服务器参数

通过优化 MySQL 服务器参数可以提高资源利用率，从而达到提高 MySQL 数据库性能的目的。

MySQL 服务器的配置参数都在 my.cnf 或 my.ini 文件的[mysqld]组中。下面对几个性能影响比较大的参数进行详细介绍。

- key_buffer_size：设置索引缓存的大小。索引缓存用来存储查询中使用的索引所需要的内容，值越大，性能越好。
- query_cache_size：设置查询缓存的大小。查询缓存可以缓存查询结果，避免重复查询，加快查询速度。
- table_open_cache：设置表缓存的大小。表缓存可以缓存打开的表的数量，加快查询速度。
- sort_buffer_size：设置排序缓存区的大小。如果查询中需要进行排序的字段越多或查询涉及的行数越多，就需要适当增加该值。
- read_buffer_size：设置读入缓冲区的大小。当 MySQL 需要对表进行顺序扫描(即按照表中的记录顺序逐条读取)时，它会为每个这样的操作分配一个临时的“存储区域”，我们可以把这个“存储区域”想象成一个“小仓库”。这个“小仓库”就是读入缓冲区，用于暂存从磁盘读取的数据，以便 MySQL 能够更快地处理这些数据。
- innodb_buffer_pool_size：设置 InnoDB 存储引擎的缓存池大小。如果 InnoDB 存储引擎的表较多，就应该适当增加该值。
- max_connections：设置数据库的最大连接数。这个连接数不是越大越好，因为这些连接会浪费内存资源。过多的连接可能会导致 MySQL 服务器僵死。
- thread_cache_size：设置线程缓存的大小。可以重用已经创建的线程，减少反复创建线程的开销。

- wait_timeout：设置等待连接超时的时间(单位为秒)。如果连接池中没有可用的连接，客户端在等待一段时间后将放弃连接。

以上只是 MySQL 服务器的部分参数，根据实际情况和性能瓶颈需要有针对性地进行参数调整。可以使用工具(如 MySQLTuner 或 mysqltuner.pl 等)来辅助调整参数设置。

思政讲堂

落实立德树人根本任务

立德树人是教育的根本任务，对象是广大青少年群体，目标是培养德智体美劳全面发展的社会主义建设者和接班人。青少年阶段是人生的“拔节孕穗期”，最需要精心引导和栽培。学术界对立德树人的重要意义和实施方法有过很多讨论，立德树人的“德”的含义，大都是从道德品质层面进行界定，主要是指道德。“立德树人”的基本内涵，特别是“德”的含义，不仅是值得探索的理论与学术问题，更是关系有效落实立德树人根本任务的重要实践问题。理解立德树人的“德”，要立足于培养担当民族复兴大任的时代新人、社会主义建设者和接班人的战略高度，做到以树人为核心，以立德为根本。

中国共产党历来重视德育在人才培养中的重要作用，始终将“德”放在人才标准的首位，强调德才兼备、以德为先。党的十八大报告首次提出，把立德树人作为教育的根本任务。党的十九大报告和二十大报告都进一步指出，要落实立德树人根本任务。在北京大学师生座谈会上，习近平总书记强调，要把立德树人的成效作为检验学校一切工作的根本标准，真正做到以文化人、以德育人，不断提高学生思想水平、政治觉悟、道德品质、文化素养，做到明大德、守公德、严私德；要把立德树人内化到大学建设和管理各领域、各方面、各环节，做到以树人为核心，以立德为根本。习近平总书记关于立德树人根本任务的重要论述，抓住了教育本质，明确了教育使命，为人才培养指明了方向。

落实立德树人根本任务，最根本的是要全面贯彻党的教育方针，解决好培养什么人、怎样培养人、为谁培养人这个根本问题。培养什么人，是教育的首要问题。习近平总书记强调，我们党立志于中华民族千秋伟业，必须培养一代又一代拥护中国共产党领导和我国社会主义制度、立志为中国特色社会主义事业奋斗终身的有用人才。在这个根本问题上，必须旗帜鲜明、毫不含糊。培养德智体美劳全面发展的社会主义建设者和接班人，是教育工作的根本任务，也是教育现代化的方向目标。才者，德之资也；德者，才之帅也。要实现树人目标、完成树人任务，首先必须“立德”，坚持育人为本、德育为先。立德树人的“德”，应该是“大德、公德、私德”之总称，与德智体美劳中的“德”含义相同，包括政治、道德、法律，即理想信念、道德品质、法治素养三个方面。立德就要在坚定青少年理想信念、塑造青少年道德品质、涵养青少年法治素养方面下大功夫、花大力气。

单元小结

- MySQL 服务器的性能优化可以提高数据库的效率和稳定性，减少硬件成本，提高用户体验和生产力。
- 优化查询：使用索引查询；优化子查询。
- 优化数据库结构：拆分表、建立中间表、增加冗余字段、优化插入记录的速度。
- 优化 MySQL 服务器：优化服务器硬件和服务器参数。

一、选择题

1. 在 MySQL 中，可以使用(　　)语句查询 MySQL 数据库的性能参数。

A. SHOW STATUS　　B. CREATE STATUS

C. SHOW INDEX　　D. SHOW VIEW

2. 在 MySQL 中，用来分析查询语句的语句是(　　)。

A. SELECT　　B. CREATE

C. SHOW　　D. EXPLAIN

3. 下列选项中，会导致索引失效的情况有(　　)。

A. 使用 LIKE 关键字的查询语句　　B. 使用多列索引的查询语句

C. 使用 OR 关键字的查询语句　　D. 以上都不正确

4. 下列选项中，(　　)可以优化 MySQL 的查询性能。

A. 创建视图　　B. 创建适当的索引

C. 使用全表扫描　　D. 使用合适的查询语句

5. 以下关于优化数据库结构的方法，说法错误的是(　　)。

A. 对于字段较多的表，可以拆分到新的表中

B. 对于需要经常联合查询的表，可以建立中间表

C. 不能增加冗余字段

D. 优化插入记录的速度

二、问答题

1. 提高 MySQL 数据库性能的方法有哪些？
2. 有哪些方法可以优化数据库结构？
3. 如何优化 MySQL 服务器硬件？

三、上机题

根据员工表 emp(见表 2-2)和部门表 dept(见表 2-3)完成以下要求。

(1) 根据表结构创建表并添加测试数据。

(2) 使用 EXPLAIN 语句来分析查询所有部门信息。

(3) 使用 EXPLAIN 语句来分析根据编号查询部门信息。

(4) 使用 LIKE 关键字根据员工名字查询员工信息，要求索引起作用，并分析查询语句。

(5) 实现使用多列索引的查询，在 ename 和 phone 字段创建多列索引，并分析查询语句。

(6) 实现使用 OR 关键字的查询，考虑都是索引的情况和只有部分是索引的情况，并分析查询语句。

(7) 将员工表中不常用的字段拆分成中间表，使用连接查询实现。

(8) 员工表和部门表经常需要联合查询，建立中间表，并将联合查询的数据插入中间表中。

学习笔记

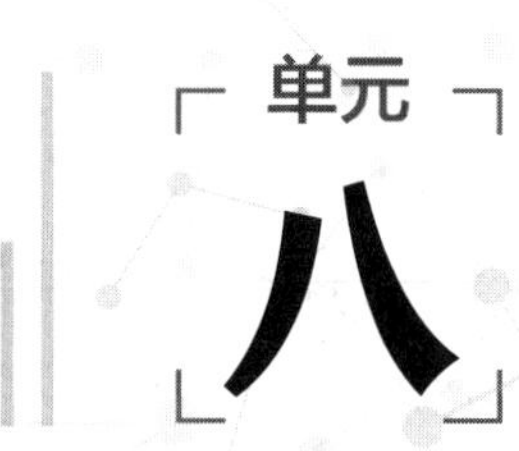

数字新闻系统项目实战

课程目标

技能目标

- ❖ 了解数字新闻系统的数据库设计过程
- ❖ 掌握 MySQL 数据库的设计方法

素质目标

- ❖ 关心国家的发展
- ❖ 传承和弘扬民族文化
- ❖ 积极参与社会公益活动

简介

MySQL 数据库在实际应用开发过程中，使用非常广泛，很多网站和管理系统都使用 MySQL 数据库存储数据。本单元主要讲解数字新闻系统的数据库设计过程。通过对本单元内容的学习，读者可以掌握 MySQL 数据库的设计方法，了解 MySQL 数据库在实际应用系统开发中的功能和地位。需要注意的是，在数字新闻系统中，发布新闻时要严格把控内容质量，确保不会传播任何不良信息，避免给国家和社会造成负面影响。

任务一 了解数字新闻系统的功能需求与结构

任务描述

数字新闻是指在信息化、数字化时代，以数字或图表为主要表现形式并体现一定新闻价值的新闻信息报道。数字新闻作为新闻传播中的一种特殊报道体例，是伴随数字社会应运而生的，是时代的产物。它的出现，不仅丰富了新闻传播实践，也对新闻理论研究提出了新的要求。本节任务是了解数字新闻系统的功能需求与结构。

任务实施

1. 系统概述

本项目是一个小型的数字新闻系统，管理员可以通过该系统发布新闻信息，适用于各大新闻发布网站。一个典型的数字新闻系统，至少包含新闻信息管理、新闻信息显示和新闻信息查询等基本功能。

数字新闻系统所要实现的功能具体包括新闻信息添加、新闻信息修改、新闻信息删除、显示全部新闻信息、按类别显示新闻信息、按关键字查询新闻信息、按关键字进行站内查询等。

数字新闻系统主要用于发布新闻信息、管理用户、管理权限、管理评论等，具有以下特点。

- 实用：该系统实现了一个完整的信息查询过程。
- 简单易用：该系统结构简单，功能齐全，操作非常简便，便于用户尽快掌握和使用整个系统。

- 代码规范：作为一个实战项目，代码规范简洁、清晰易懂。

鉴于项目设计，本系统主要提供以下几个有代表性的核心功能。

- 用户注册和个人信息管理功能。
- 管理员可以发布新闻、删除新闻等。
- 用户注册后可以对新闻发表评论、留言。
- 管理员可以管理用户及其留言。

2. 功能需求

数字新闻系统是一个基于新闻和内容管理的全站管理系统，本系统可以将杂乱无章的信息经过组织合理有序地呈现给大众。

当今社会是一个信息化的社会，新闻作为信息的一部分，具有信息量大、类别繁多、形式多样的特点，数字新闻系统的出现实现了对新闻的上传、审核、发布和评论，模拟了一般新闻媒介的新闻发布过程。

系统的用户角色分为普通用户和管理员。其中，普通用户可以查看并修改个人信息；可以浏览新闻；可根据自己的需求搜索新闻；可以发表评论(需要先注册并登录)；可以发布自己的新闻信息(需要管理员授权)。管理员除拥有普通用户的权限外，还可以进行权限管理、新闻管理和评论管理等。

3. 功能结构

根据系统功能需求分析可知，数字新闻系统分为用户管理、管理员管理、权限管理、新闻管理和评论管理五大模块。为了更加明确每个模块的功能，可以将系统的模块进一步分解成具体的功能。数字新闻系统的功能结构如图 8-1 所示。

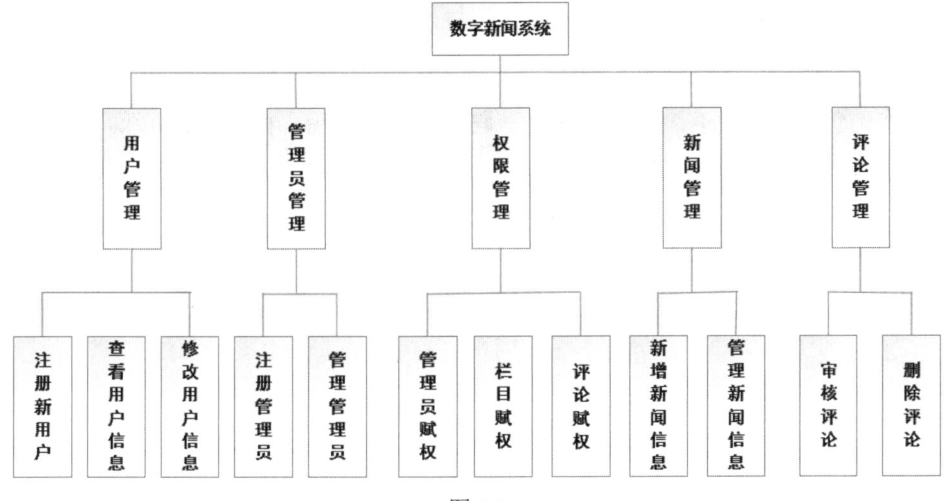

图 8-1

具体功能介绍如下。

- 用户管理模块：可以注册新用户，查看、修改用户信息。
- 管理员管理模块：可以新增管理员，查看、修改和删除管理员信息。
- 权限管理模块：可以对管理员、栏目和评论进行赋权。
- 新闻管理模块：有相关权限的管理员可以新增、查看、修改和删除新闻信息。
- 评论管理模块：有相关权限的管理员可以审核、删除评论。

任务二 设计数字新闻系统数据库

任务描述

明确了系统的功能需求和结构后，便可设计系统的数据库模式，建立数据库及其应用系统，使之能够有效地存储数据，满足功能需求。

数据库设计是开发管理系统最重要的一个步骤。如果数据库设计得不够合理，就会为后续的开发工作带来很大的麻烦。在进行数据库设计时，需要确定设计哪些表、表中包含哪些字段、字段的数据类型和长度等。本节任务是设计数字新闻系统数据库。

任务实施

1. 设计实体

根据系统功能结构图对系统进行分析，可以明确系统中使用的数据库实体分别为用户实体、管理员实体、权限实体、新闻实体、栏目实体和评论实体。

1) 用户实体

用户实体包含的属性有编号、名称、密码、性别和邮箱，如图 8-2 所示。

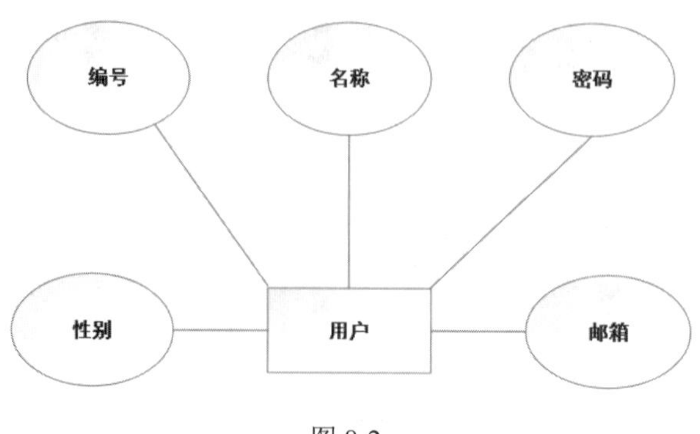

图 8-2

2) 管理员实体

管理员实体包含的属性有编号、名称和密码，如图 8-3 所示。

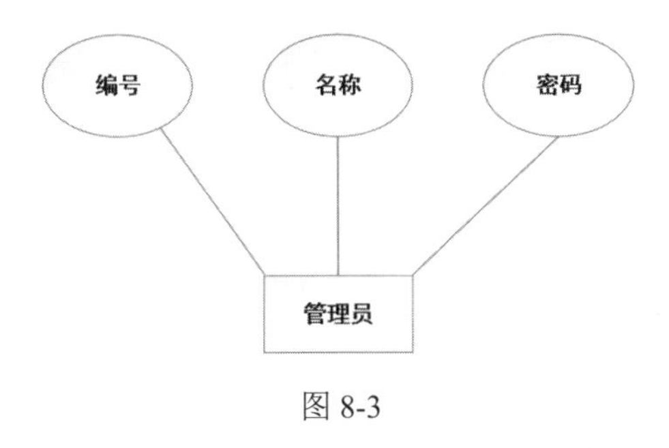

图 8-3

3) 权限实体

权限实体包含的属性有编号、名称和描述，如图 8-4 所示。

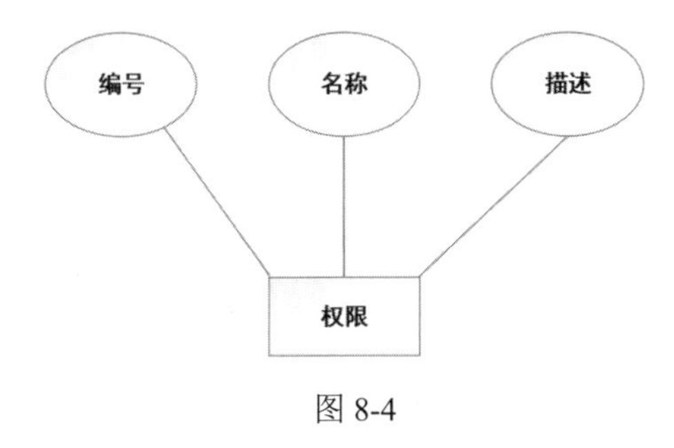

图 8-4

4) 新闻实体

新闻实体包含的属性有编号、标题、内容、发布时间、描述、图片链接、级别、是否检验和是否置顶，如图 8-5 所示。

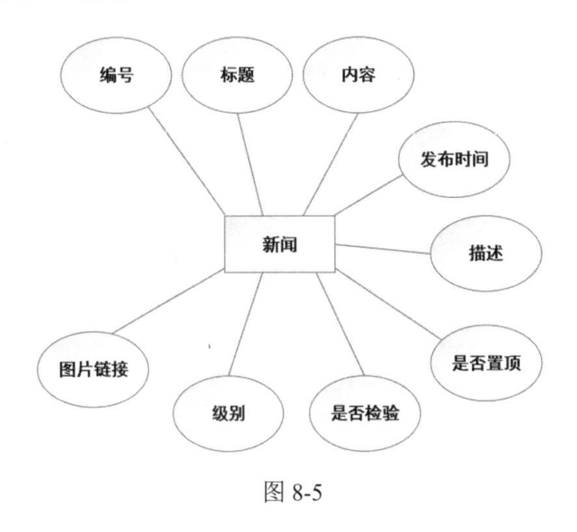

图 8-5

5) 栏目实体

栏目实体包含的属性有编号、名称和描述，如图 8-6 所示。

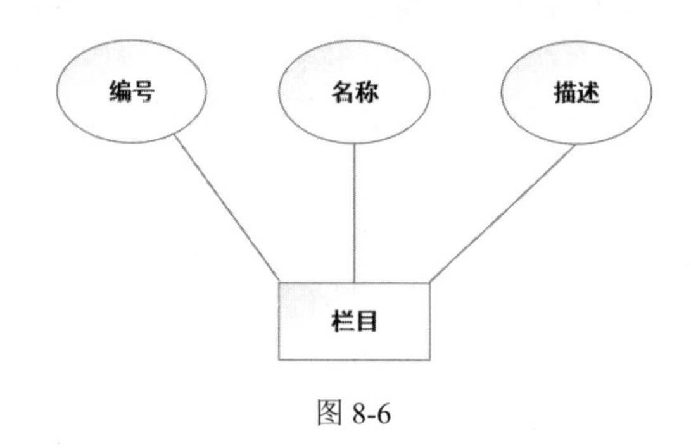

图 8-6

6) 评论实体

评论实体包含的属性有编号、标题、内容和时间，如图 8-7 所示。

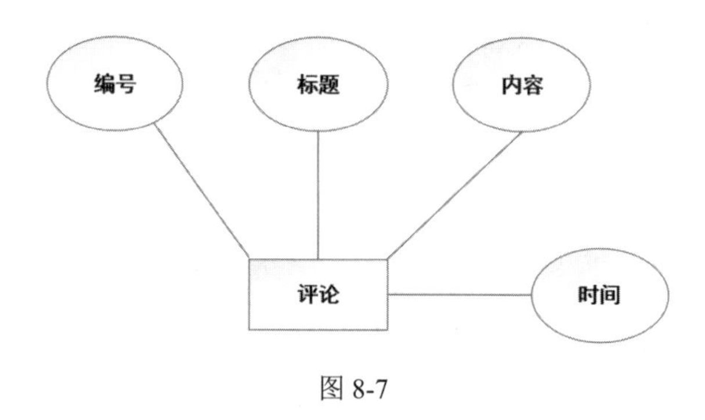

图 8-7

2. 设计 E-R 图

系统实体设计完成后，根据实体之间的联系，将各个实体进行集成，完成数字新闻系统的 E-R 图设计，如图 8-8 所示。

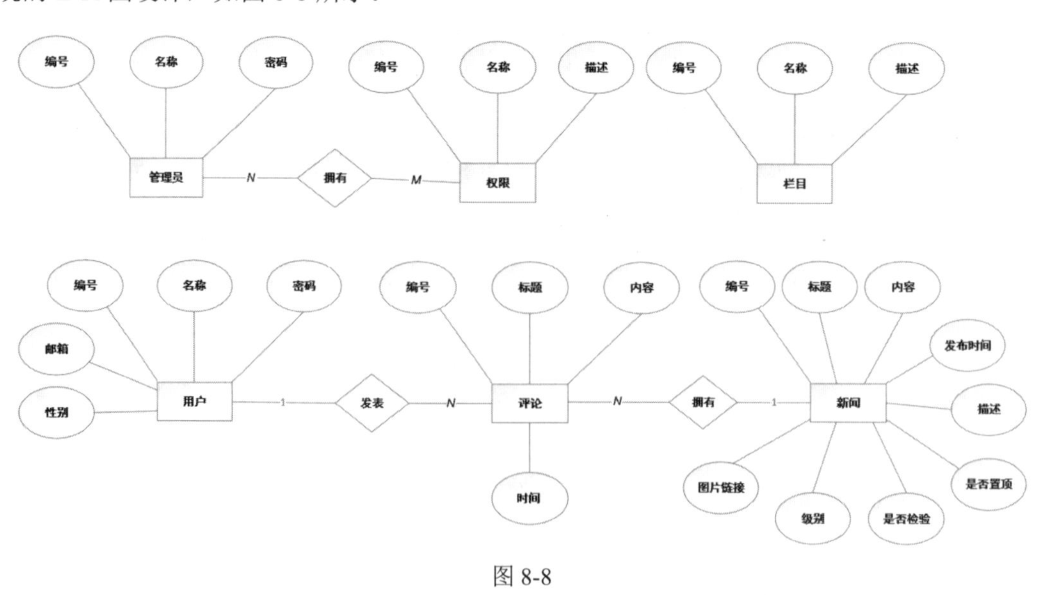

图 8-8

从图 8-8 中可以看出，一个管理员可以拥有多个权限，一个权限可以属于多个不同的管理员；一个用户可以发表多条评论，一条新闻可以拥有多条评论。

3. 设计表

完成系统的 E-R 图设计后，可以将 E-R 图中的实体转换成数据库中对应的数据表，并根据实体的属性信息设计出数据表的表结构。数字新闻系统实体对应的数据表的表结构具体如下。

1) user 表

user 表用于存储用户信息，包含用户编号、用户名称、用户密码、用户性别和用户邮箱，其表结构如表 8-1 所示。

表 8-1

字段名	数据类型	是否主键	说明
UserID	INT	是	用户编号
UserName	VARCHAR(20)	否	用户名称
UserPwd	VARCHAR(20)	否	用户密码
UserSex	VARCHAR(10)	否	用户性别
UserEmail	VARCHAR(20)	否	用户邮箱

2) admin 表

admin 表用于存储管理员信息，包含管理员编号、管理员名称和管理员密码，其表结构如表 8-2 所示。

表 8-2

字段名	数据类型	是否主键	说明
AdminID	INT	是	管理员编号
AdminName	VARCHAR(20)	否	管理员名称
AdminPwd	VARCHAR(20)	否	管理员密码

3) roles 表

roles 表用于存储权限信息，包含权限编号、权限名称和权限描述，其表结构如表 8-3 所示。

表 8-3

字段名	数据类型	是否主键	说明
RoleID	INT	是	权限编号
RoleName	VARCHAR(20)	否	权限名称
RoleDesc	VARCHAR(50)	否	权限描述

4) news 表

news 表用于存储新闻信息，包含新闻编号、新闻标题、新闻内容、发布时间、新闻描述、图片链接、新闻级别、是否检验和是否置顶，其表结构如表 8-4 所示。

表 8-4

字段名	数据类型	是否主键	说明
NewsID	INT	是	新闻编号
NewsTitle	VARCHAR(50)	否	新闻标题
NewsContent	Text	否	新闻内容
NewsDate	TIMESTAMP	否	发布时间
NewsDesc	VARCHAR(50)	否	新闻描述
ImagePath	VARCHAR(50)	否	图片链接
NewsGrade	INT	否	新闻级别
IsCheck	BIT	否	是否检验
IsTop	BIT	否	是否置顶

5) category 表

category 表用于存储栏目信息，包含栏目编号、栏目名称和栏目描述，其表结构如表 8-5 所示。

表 8-5

字段名	数据类型	是否主键	说明
CategoryID	INT	是	栏目编号
CategoryName	VARCHAR(50)	否	栏目名称
CategoryDesc	VARCHAR(50)	否	栏目描述

6) comment 表

comment 表用于存储评论信息，包含评论编号、评论标题、评论内容和评论时间，其表结构如表 8-6 所示。

表 8-6

字段名	数据类型	是否主键	说明
CommentID	INT	是	评论编号
CommentTitle	VARCHAR(50)	否	评论标题
CommentContent	TEXT	否	评论内容
CommentDate	DATETIME	否	评论时间

根据上述表结构，创建数据库 digital_news，并在该数据库下创建相应表，具体的 SQL 语句如下所示。

```
# 创建数据库
CREATE DATABASE digital_news;
# 使用数据库
USE digital_news;
# 用户表
CREATE TABLE user(
    UserID INT PRIMARY KEY AUTO_INCREMENT,         # 用户编号
    UserName   VARCHAR(20)  NOT NULL,              # 用户名称
    UserPwd    VARCHAR(20)  NOT NULL,              # 用户密码
    UserSex    VARCHAR(10)  NOT NULL,              # 用户性别
    UserEmail  VARCHAR(20)  NOT NULL               # 用户邮箱
);
# 管理员表
CREATE TABLE admin(
    AdminID INT PRIMARY KEY AUTO_INCREMENT,        # 管理员编号
    AdminName   VARCHAR(20)    NOT NULL,           # 管理员名称
    AdminPwd    VARCHAR(20)    NOT NULL            # 管理员密码
);
# 权限表
CREATE TABLE roles(
    RoleID INT PRIMARY KEY AUTO_INCREMENT,         # 权限编号
    RoleName     VARCHAR(20)    NOT NULL,          # 权限名称
    RoleDesc     VARCHAR(50)    NOT NULL           # 权限描述
);
# 新闻表
CREATE TABLE news(
    NewsID INT PRIMARY KEY AUTO_INCREMENT,         # 新闻编号
    NewsTitle     VARCHAR(50)    NOT NULL,         # 新闻标题
    NewsContent Text NOT NULL,                     # 新闻内容
    NewsDate TIMESTAMP,                            # 发布时间
    NewsDesc      VARCHAR(50)    NOT NULL,         # 新闻描述
    ImagePath     VARCHAR(50),                     # 图片链接
```

```
    NewsGrade    INT            NOT NULL,          # 新闻级别
    IsCheck      BIT            NOT NULL,          # 是否检验
    IsTop        BIT            NOT NULL           # 是否置顶
);
# 栏目表
CREATE TABLE category(
    CategoryID INT PRIMARY KEY AUTO_INCREMENT,     # 栏目编号
    CategoryName  VARCHAR(50)   NOT NULL,          # 栏目名称
    CategoryDesc  VARCHAR(50)   NOT NULL           # 栏目描述
);
# 评论表
CREATE TABLE comment(
    CommentID INT PRIMARY KEY AUTO_INCREMENT,      # 评论编号
    CommentTitle VARCHAR(50)  NOT NULL,            # 评论标题
    CommentContent TEXT       NOT NULL,            # 评论内容
    CommentDate DATETIME                           # 评论时间
);
```

任务三　提高数字新闻系统性能

任务描述

在数字化时代，人们逐渐依赖于数字化产品带来的便利。越来越多的数字化产品层出不穷，在这样的情况下，良好的用户体验成为用户留存的必要条件。若要提升用户体验，提高产品性能则至关重要。本节任务是从建立索引和优化数据库结构两方面来提高系统性能。

任务实施

1. 建立索引

索引是对数据库中一列或多列的值进行排序的一种结构，创建索引可以提高查询速度。数字新闻系统需要实现新闻信息查询，此时，在某些特定字段上建立索引，可以提高查询速度。

1) 在 news 表上建立索引

在数字新闻系统中，需要通过新闻标题、发布时间和新闻级别查询新闻信息，为了提高查询速度，可以在 NewsTitle 字段、NewsDate 字段和 NewsGrade 字段上使用 CREATE INDEX 语句和 ALTER TABLE 语句创建索引。

首先，使用 CREATE INDEX 语句在 NewsTitle 字段上创建名为 index_news_title 的索引，具体的 SQL 语句如下所示。

```
# 在 NewsTitle 字段上创建名为 index_news_title 的索引
CREATE INDEX index_news_title ON news(NewsTitle);
```

然后，使用 CREATE INDEX 语句在 NewsDate 字段上创建名为 index_news_date 的索引，具体的 SQL 语句如下所示。

```
# 在 NewsDate 字段上创建名为 index_news_date 的索引
CREATE INDEX index_news_date ON news(NewsDate);
```

最后，使用 ALTER TABLE 语句在 NewsGrade 字段上创建名为 index_news_grade 的索引，具体的 SQL 语句如下所示。

```
# 在 NewsGrade 字段上创建名为 index_news_grade 的索引
ALTER TABLE news ADD INDEX index_news_grade (NewsGrade);
```

完成索引创建后，可以使用 SHOW INDEX 语句查看 news 表的所有索引，具体的 SQL 语句及执行结果如图 8-9 所示。

```
62  #查看索引
63  SHOW INDEX FROM news;
```

信息　Result 1　概况　状态

Table	Non_unique	Key_name	Seq_in_index	Column_name
news	0	PRIMARY	1	NewsID
news	1	index_news_title	1	NewsTitle
news	1	index_news_date	1	NewsDate
news	1	index_news_grad	1	NewsGrade

图 8-9

2) 在 category 表上建立索引

在数字新闻系统中需要通过栏目名称查询该栏目的信息，因此可以在 CategoryName 字段上创建索引，具体的 SQL 语句如下所示。

```
# 在 category 表的 CategoryName 字段上创建索引
CREATE INDEX index_category_name ON category(CategoryName);
```

3) 在 comment 表上建立索引

在数字新闻系统中需要通过评论标题和评论时间查询评论内容，因此可以在 CommentTitle 字段和 CommentDate 字段上创建索引，具体的 SQL 语句如下所示。

```
#在 comment 表的 CommentTitle 字段和 CommentDate 字段上创建索引
CREATE INDEX index_comment_title ON comment(CommentTitle);
CREATE INDEX index_comment_date ON comment(CommentDate);
```

2. 优化数据库结构

在某些情况下，需要通过连接多个表来获取所需的数据，创建中间表可以简化此过程。

建立中间表可以提高查询性能、简化复杂的计算过程、处理和整合多个数据源、提供更高效的数据访问和操作方式。

数字新闻系统需要查询多表关联的信息，因此可以在关联表之间建立中间表，以便提高查询速度。

1) 建立管理员权限表

管理员和权限之间是多对多关系，一个管理员可以拥有多个权限，一个权限可以属于多个管理员，建立管理员权限中间表，具体的 SQL 语句如下所示。

```
# 管理员权限表
CREATE TABLE admin_roles(
    AdminRolesID INT PRIMARY KEY AUTO_INCREMENT,          # 管理员权限编号
    AdminID INT,                                          # 管理员编号
    RoleID INT,                                           # 权限编号
    FOREIGN KEY(AdminID) REFERENCES admin(AdminID),
    FOREIGN KEY(RoleID) REFERENCES roles(RoleID)
);
```

2) 建立新闻评论表

新闻和评论之间是一对多关系，一条新闻可以拥有多条评论，建立新闻评论表，具体的 SQL 语句如下所示。

```
# 新闻评论表
CREATE TABLE news_comment(
    NewsCommentID INT PRIMARY KEY AUTO_INCREMENT,         # 新闻评论编号
    NewsID INT,                                           # 新闻编号
    CommentID INT,                                        # 评论编号
    FOREIGN KEY(NewsID) REFERENCES news(NewsID),
    FOREIGN KEY(CommentID) REFERENCES comment(CommentID)
);
```

3) 建立用户评论表

用户和评论之间是一对多关系，一个用户可以发表多条评论，建立用户评论表，具体的 SQL 语句如下所示。

```
# 用户评论表
CREATE TABLE user_comment(
    UserCommentID INT PRIMARY KEY AUTO_INCREMENT,         # 用户评论编号
    UserID INT,                                           # 用户编号
    CommentID INT,                                        # 评论编号
    FOREIGN KEY(UserID) REFERENCES user(UserID),
    FOREIGN KEY(CommentID) REFERENCES comment(CommentID)
);
```

任务四 提高数字新闻系统安全性

任务描述

随着时代的发展，企业数字化已成为一种趋势。数字化给企业带来了无限商机，但也使企业面临着安全威胁。随着网络技术的不断发展和普及，信息安全和隐私保护已成为企业和用户关注的焦点。在数字化时代如何提高安全性、保护客户隐私，已成为每个企业必须考虑的问题。

加强数据保护是保护客户隐私的第一要务。在数字化时代，技术越来越先进，在安全防范方面必须紧跟趋势，使用先进技术，实行多层安全保障机制，不断完善系统以提高安全性。本节任务是采取措施提高数字新闻系统安全性。

任务实施

1. 创建视图

视图是从数据库中一个表或多个表中导出的虚拟表，其作用是方便用户对数据进行操作。在数字新闻系统中，可以通过设计视图来改善查询操作。

在数字新闻系统中，如果直接查询 news_comment 表，则会显示新闻编号和评论编号，这种显示不直观。为了以后查询方便，可以建立一个视图 view_news_comment，用于显示评论编号、新闻编号、新闻级别、新闻标题、新闻内容和发布时间，具体的 SQL 语句如下所示。

```
# 新闻评论视图
CREATE VIEW view_news_comment
AS SELECT
c.CommentID,n.NewsID,n.NewsGrade,n.NewsTitle,n.NewsContent,n.NewsDate
FROM news_comment c,news n
WHERE c.NewsID=n.NewsID;
```

为了方便用户查询自己发表的评论，可以建立一个视图 view_user_comment，用于显示用户名称、评论标题、评论内容和评论时间，具体的 SQL 语句如下所示。

```
# 用户评论视图
CREATE VIEW view_user_comment
AS SELECT
u.UserName,c.CommentTitle,c.CommentContent,c.CommentDate
FROM user u,comment c,user_comment uc
WHERE u.UserID=uc.UserID AND c.CommentID=uc.CommentID;
```

2. 创建过程和函数

在 MySQL 中，存储过程和存储函数都是用于封装和执行一系列 SQL 语句的对象，为开发人员提供了在数据库中执行复杂逻辑和操作的能力，可以提高应用程序的性能、安全性和可维护性。

在数字新闻系统中，编写一个存储过程来处理用户注册逻辑，包括验证用户信息等操作，具体的 SQL 语句如下所示。

```
DELIMITER //
CREATE PROCEDURE pro_register(username VARCHAR(50), password VARCHAR(50))
BEGIN
    DECLARE temp_num INT;          # 统计数量
    # 验证用户名是否已存在
    SELECT COUNT(*) INTO temp_num FROM user WHERE UserName = username;
  IF temp_num = 0 THEN
        # 插入用户记录
        INSERT INTO user (UserName, UserPwd) VALUES (username, password);
    ELSE
        SELECT 'Username already exists.' AS error_message;
    END IF;
END//
DELIMITER ;
```

上面的存储过程可供后台注册时调用，如果用户名不存在则插入该用户信息，如果用户名存在则提示已存在。

在数字新闻系统中，编写一个存储函数，使其可以根据输入的新闻编号，统计该新闻的所有评论数，具体的 SQL 语句如下所示。

```
DELIMITER //
CREATE FUNCTION get_news_count(news_id INT)
RETURNS INT
BEGIN
    DECLARE total_count INT;
    SELECT COUNT(*) INTO total_count FROM news_comment WHERE NewsID = news_id;
    RETURN total_count;
END//
DELIMITER ;
```

在实际应用开发过程中，可以根据具体需求编写更复杂的过程和函数来满足业务需求。

任务五　保证数字新闻系统数据一致性

任务描述

在当今数字化时代，数据一致性已成为各个行业和组织的重要需求。在 MySQL 中，数据一致性是数据库管理系统的核心特性之一，它确保数据库中的数据在不同时间点和不同操作下都能保持一致的状态。

在实际应用中，数据一致性的重要性不容忽视。首先，数据一致性是进行正确决策的基础。只有数据一致性得到保证，企业才能基于准确和一致的数据进行决策，从而提高工作效率和决策的准确性。其次，数据一致性是提高客户满意度的保障。客户在使用产品时，期望得到的结果是准确和一致的，如果一致性无法得到保证，就会影响客户的满意度和信任度。

本节任务是采取措施保证数字新闻系统的数据一致性。

任务实施

1. 使用事务

在 MySQL 中，事务是针对数据库的一组操作，可以由一条或多条 SQL 语句组成。在程序执行过程中，只要有一条 SQL 语句执行失败或发生错误，其他语句都不会执行。也就是说，事务中的语句要么都执行，要么都不执行。

数字新闻系统的基本功能都已经开发完成，准备上线。接下来，需要将系统中的测试数据全部删除，并将真实的上线数据添加到数据库中，此时可以使用事务来完成此操作，具体的 SQL 语句如下所示。

```
# 开启事务
START TRANSACTION;
# 删除数据
DELETE FROM category;
# 添加数据
INSERT INTO category VALUES
(NULL,'政治','当前国际形势'),
(NULL,'经济','经济发展振兴'),
(NULL,'科技','智能 AI 趋势'),
(NULL,'公益','绿色生态'),
(NULL,'体育','杭州亚运会'),
(NULL,'外交','中美会晤');
# 查询栏目信息
```

```
SELECT *FROM category;
# 事务提交
COMMIT;
```

执行完上述 SQL 语句后，系统运行时就能查询到栏目信息了。

在数字新闻系统中初始化管理员信息，需要考虑管理员的权限信息。因此，在向管理员表添加数据时，既要向权限表添加数据，又要向管理员权限表添加关联数据。可以使用事务来完成此操作，具体的 SQL 语句如下所示。

```
# 开启事务
START TRANSACTION;
# 管理员添加数据
INSERT INTO admin VALUES
(1000,'admin','admin'),
(1001,'test','123456');
# 权限添加数据
INSERT INTO roles VALUES
(1,'超级管理员','拥有所有权限'),
(2,'普通管理员','拥有登录权限');
# 管理员权限添加数据
INSERT INTO admin_roles VALUES
(NULL,1000,1),(NULL,1001,2);
# 查询
SELECT *FROM admin;
SELECT *FROM roles;
SELECT *FROM admin_roles;
# 事务提交
COMMIT;
```

执行完上述 SQL 语句后，系统运行时就能查询到栏目信息了。

2. 创建触发器

触发器是由 INSERT、UPDATE 和 DELETE 等事件来触发某种特定操作。满足触发器的触发条件时，数据库系统就会执行触发器中定义的程序语句，从而保证了某些操作的一致性。为了使数字新闻系统的数据更新更加快速和合理，可以在数据库中创建触发器。

1) 创建 UPDATE 触发器

在设计表时，news 表和 news_comment 表的 NewsID 字段的值是一样的。如果 news 表中的 NewsID 字段的值更新了，那么 news_comment 表中的 NewsID 字段的值必须同时更新，此操作可以通过创建一个 UPDATE 触发器来实现。创建 UPDATE 触发器的 SQL 语句如下所示。

```
DELIMITER //
CREATE TRIGGER tri_update_newsID
```

```
AFTER UPDATE ON news
FOR EACH ROW
BEGIN
UPDATE news_comment SET NewsID=NEW.NewsID;
END //
DELIMITER ;
```

其中，NEW.NewsID 表示 news 表中更新记录的 NewsID 值。

2) 创建 DELETE 触发器

如果要从 user 表中删除一个用户的信息，那么该用户在 user_comment 表中的信息也必须同时删除，此操作可以通过创建触发器来实现。在 user 表中创建 DELETE 触发器，只要执行 DELETE 操作，就删除 user_comment 表中相应的记录。创建 DELETE 触发器的 SQL 语句如下所示。

```
DELIMITER //
CREATE TRIGGER tri_delete_user
AFTER DELETE ON user
FOR EACH ROW
BEGIN
DELETE FROM user_comment WHERE UserIDD=OLD.UserID;
END //
DELIMITER ;
```

其中，OLD.UserID 表示 user 表中新删除记录的 UserID 值。.

本单元介绍了数字新闻系统的数据库设计方法，重点是 MySQL 数据库的设计部分。在数据设计方面，不仅设计了表和字段，还创建了索引、视图和触发器等。此外，还使用事务、存储过程等提高了程序性能。通过对本单元的学习，大家可以对 MySQL 数据库设计有一个全新的认识。

思政讲堂

弘扬爱国主义精神

2023 年 10 月 24 日，十四届全国人大常委会第六次会议表决通过《中华人民共和国爱国主义教育法》(以下简称《教育法》)，该《教育法》自 2024 年 1 月 1 日起施行。将爱国主义教育写入法律，形成制度，将促进爱国主义精神的传承和弘扬，振奋民族精神，凝聚奋进新时代澎湃力量。

该《教育法》规定了爱国主义教育的主要内容，涵盖思想政治、历史文化、国家象征标志、祖国的壮美河山和历史文化遗产、宪法和法律、国家统一和民族团结、国家安全和国防、英雄烈士和模范人物事迹等方面。该《教育法》在明确面向全体公民开展爱国主义教育的同时，突出强调学校和家庭对青少年和儿童的教育，并针对不同群体的爱国主义教育，如公职人员、企业事业单位职工、村居民、港澳台同胞和海外侨胞等，分别作出相应规定。

党的十八大以来，以习近平同志为核心的党中央高度重视爱国主义教育，固本培元、凝心铸魂，作出一系列重要部署，推动爱国主义教育取得显著成效。党的二十大报告明确提出，深入开展社会主义核心价值观宣传教育；深化爱国主义、集体主义、社会主义教育。制定爱国主义教育法，以法治方式推动和保障新时代爱国主义教育，是贯彻落实习近平总书记重要指示精神和党中央决策部署的重要体现，是推动新时代爱国主义教育广泛深入开展的必然要求，也是为实现中华民族伟大复兴提供强大精神动力的重要举措。

爱国主义是中华民族精神的核心，是中华民族团结奋斗、自强不息的精神纽带。在五千多年的文明发展中，中华民族创造了光辉灿烂的文化、形成了统一的多民族国家。特别是近代以来，中华民族遭受重大苦难、付出巨大牺牲，正是在以爱国主义为核心的伟大民族精神支撑激励下，中国人民不屈不挠、奋起抗争，在中国共产党的坚强领导下开始了救亡图存、建立社会主义新中国的伟大征程。爱国主义精神深深植根于中华民族心中，是中华民族的精神基因，维系着神州大地上各民族的团结统一，激励着一代又一代中华儿女为祖国发展繁荣而不懈奋斗。

伟大事业需要伟大精神，伟大精神铸就伟大梦想。中国特色社会主义进入新时代，党的二十大明确了新时代新征程党的中心任务，即全面建成社会主义现代化强国、实现第二个百年奋斗目标，以中国式现代化全面推进中华民族伟大复兴。这是一项伟大而艰巨的事业，离不开爱国主义精神的强有力支撑。弘扬爱国主义精神，必须把爱国主义教育作为永恒主题。把爱国主义教育贯穿国民教育和精神文明建设全过程，让爱国主义成为每个中国人的坚定信念和精神依靠。

抓好爱国主义教育，把爱我中华的种子植入每个中国人心中，让人们真正理解中国共产党为什么能、中国特色社会主义为什么好、马克思主义为什么行。弘扬爱国主义精神，必须坚持爱国和爱党、爱社会主义相统一，让人们更深刻领悟“两个确立”的决定性意义，增强“四个意识”、坚定“四个自信”、做到“两个维护”，传承民族精神、增强国家观念，壮大和团结一切爱国力量，使爱国主义成为全体中国人民的坚定信念、精神力量和自觉行动。

历史深刻表明，只要高举爱国主义的伟大旗帜，中国人民和中华民族就能在改造中国、改造世界的拼搏中迸发出排山倒海的历史伟力。在全面建设社会主义现代化国家的新征程方面，以法治方式推动和保障新时代爱国主义教育，让爱国主义精神代代相传、发扬光大，汇聚起无数个你我的力量，向着实现中华民族伟大复兴的中国梦不懈前行。

单元小结

- 设计实体、设计 E-R 图、设计表，使用三范式进行数据库设计。
- 创建索引加快数据访问速度。
- 视图用来查看一个表或多个表的数据，创建视图方便用户对数据进行操作。
- 建立中间表来优化数据库结构，将原来的联合查询改为中间表的查询，以此来提高查询效率。
- 存储过程和存储函数都是用于封装和执行一系列 SQL 语句的对象，为开发人员提供了在数据库中执行复杂逻辑和操作的能力。
- 事务是一组数据库操作的逻辑单元，事务中的操作要么都执行，要么都不执行，使用事务可以保证数据库的一致性和完整性。
- 触发器是对表进行添加、更新、删除操作时触发而自动执行的一种特殊类型的存储过程。创建触发器可以保证某些操作的一致性。

单元自测

一、选择题

1. 下列关于数据库设计的叙述中，正确的是(　　)。

A. 在需求分析阶段建立数据字典

B. 在概念设计阶段建立数据字典

C. 在逻辑设计阶建立数据字典

D. 在物理设计阶段建立数据字典

2. 下列选项中，不属于数据库运行维护的工作是(　　)。

A. 性能检测　　　　B. 备份数据库

C. 系统实现　　　　D. 安全性保护

3. 在数字新闻系统中，可以建立中间表(　　)来提高系统性能。

A. 管理员权限表　　　　B. 新闻评论表

C. 用户评论表　　　　D. 用户角色表

4. 下列选项中，属于事务基本操作语句的是(　　)。

A. SAVEPOINT　　　　B. COMMIT

C. ROLLBACK　　　　D. START TRANSACTION

5. 下列关于触发器的描述中，正确的是(　　)。

A. 每个数据表最多支持6个触发器

B. REPLACE 语句不能被 DELETE 触发器激活

C. BEFORE INSERT 触发器不仅能被 INSERT 语句激活，也能被 LOAD DATA 语句激活

D. 一个数据表不能同时定义两个 BEFORE UPDATE 触发器

二、问答题

1. 结合数字新闻系统数据库，谈一谈数据库设计的重要性。
2. 请描述 MySQL 中事务在实际开发中的作用。
3. 触发器与存储过程有什么区别？

三、上机题

现要开发一个图书借阅系统，系统功能结构如图8-10所示。

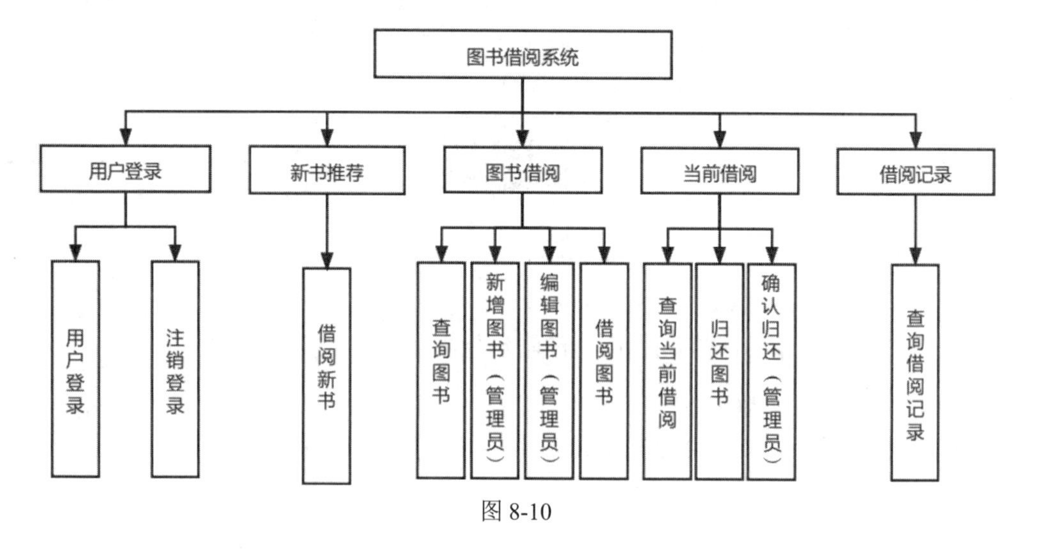

图8-10

通过分析可以明确系统中使用的数据库实体分别为用户实体、图书实体和借阅记录实体。各实体的具体信息如下。

1) 用户实体

用户实体包含的属性有编号、名称、密码、用户邮箱、用户角色和状态，如图8-11所示。其中，用户角色用于设定用户的权限，包含普通用户和管理员；状态用于设定用户是否被禁用。

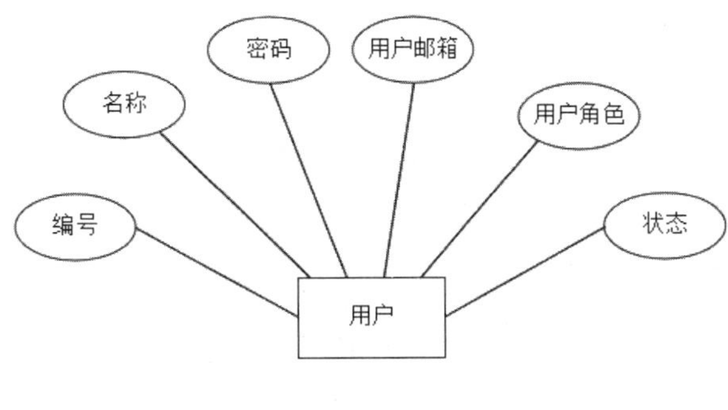

图 8-11

2) 图书实体

图书实体包含的属性有编号、名称、出版社、作者、页码、价格、上架时间、状态、借阅人、借阅时间和归还时间，如图 8-12 所示。其中，状态用于标注图书的借阅状态，如可借阅、已借阅、归还中、已下架。

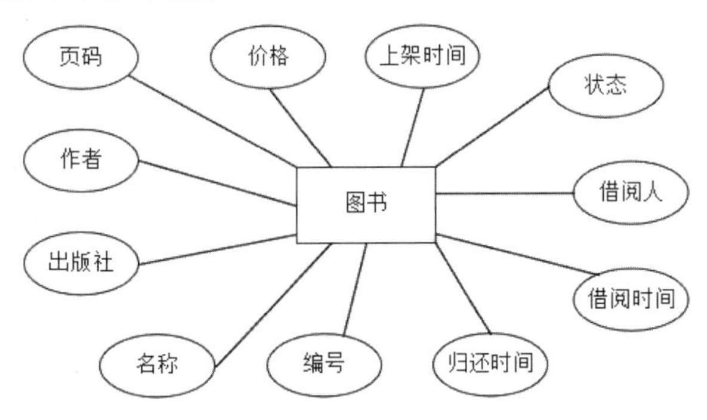

图 8-12

3) 借阅记录实体

借阅记录实体包含的属性有编号、图书名称、借阅人名称、借阅时间和归还时间，如图 8-13 所示。

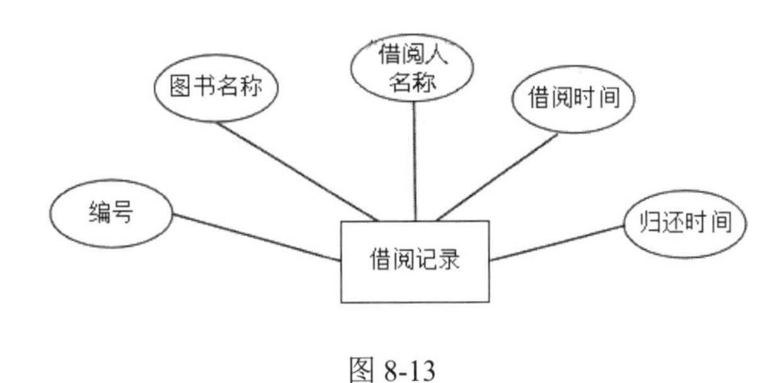

图 8-13

根据以上描述，完成以下要求。

(1) 根据系统功能结构设计 E-R 图。

(2) 设计表并创建表，每张表至少添加 3 条测试数据。

(3) 设计索引，用于在查询图书时，按照图书名称、出版社、作者进行查询。

(4) 设计视图，用于查询所有未下架的图书信息，并按图书上架时间降序排序，显示信息包括图书名称、图书作者、出版社、书籍状态、借阅人、借阅时间和预计归还时间。

(5) 图书借阅系统开发完成后，使用事务删除测试数据，并将真实的上线数据添加到数据库中。

(6) 设计触发器，实现当图书状态更改为已借阅时，将借阅信息填入借阅记录表。

(7) 创建存储过程，用于查询当前借阅书籍信息，包括仍在借阅和已经归还的书籍。